Wärmetechnik des Gasgenerator- und Dampfkessel-Betriebes

Die Vorgänge, Untersuchungs- und Kontrollmethoden
hinsichtlich Wärmeerzeugung und Wärmeverwendung
im Gasgenerator- und Dampfkessel-Betrieb

Von

Paul Fuchs

Ingenieur

Dritte, erweiterte Auflage

Mit 43 Textfiguren

Springer-Verlag Berlin Heidelberg GmbH

1913

Softcover reprint of the hardcover 3rd edition 1913

ISBN 978-3-662-39010-8   ISBN 978-3-662-39980-4 (eBook)
DOI 10.1007/978-3-662-39980-4

Vorwort zur dritten Auflage.

Die Notwendigkeit einer Neuausgabe meines Buches: „Generator-, Kraftgas- und Dampfkessel-Betrieb in bezug auf Wärmeerzeugung und Wärmeverwendung" gab Veranlassung zur Ausarbeitung einer dritten Auflage, welche hiermit unter dem abgekürzten Titel: „Wärmetechnik des Gasgenerator- und Dampfkessel-Betriebes" den Fachkreisen übergeben wird.

Tendenz des Buches ist sich gleich geblieben; als leitender Gedanke kann etwa der hingestellt werden, eine möglichst ballastlose, metaphysikfreie Darstellung einzelner technischer Wärmevorgänge zu geben, welche unbedingt Anwendungen auf das Erfahrungsgebiet ermöglichen. Dementsprechend sind auch die Genauigkeitsgrenzen der mitgeteilten Zahlenwerte gesetzt.

Der Inhalt der dritten Auflage ist gegen früher größer geworden, was aber glücklicherweise mit dem Bogenumfang keine Proportionale bildet, weil z. T. überholte Gegenstände fortgelassen und andere gekürzt werden konnten. So wurden neuerdings der Aufstellung exakter Luft-Bedarfs- und Verbrennungsgas-Mengen-Formeln für flüssig-feste und gasförmige Brennstoffe, der spezifischen Wärme als Temperatur-Funktionen mit den z. Z. wahrscheinlichsten physikalischen Konstanten usw. usw. besondere Beachtung gewidmet.

Weiter sind für diese grundlegenden Werte jeder wärmetechnischen Untersuchung Tabellen beigegeben, welche der immer wiederkehrenden mechanischen Arbeit des Berechnens den Stachel nehmen und unnütze Wiederholungen vermeiden; einen analogen Versuch habe ich schon im Jahre 1907 durch Herausgabe der „Formeln und Tabellen der Wärmetechnik" unternommen.

Jeder, der mit der Umformung von Brennstoffen in Wärme irgendwie betriebliche Berührungspunkte hat, ist heute ausnahmslos von der Notwendigkeit und Wichtigkeit dauernder Untersuchungen oder zielbewußter Versuche überzeugt, und es hieße lediglich offene Türen einrennen, wollte man hierzu noch Begründungen anführen.

Aber trotzdem kann ich es mir nicht versagen, wenigstens an einem Beispiel die Erfolge konsequenter Beobachtungen nachzuweisen. Hierbei handelt es sich um den bekannten Zweikammer-Wasserrohrkessel, und ich greife auf einen Vorläufer der jetzigen

Ausgabe, auf das vor zehn Jahren erschienene Büchlein: „Die Kontrolle des Dampfkessel-Betriebes" zurück.

Die in diesem auf S. 46 und 74 mitgeteilten Beobachtungen stellten erstmalig den Versuch dar, die Verteilung des einer Heizfläche angebotenen Wärmequantums innerhalb derselben festzulegen und ferner das Verhalten bei wechselnder Belastung und verschiedenster Wirkungsgrade der Feuerung zu ermitteln. Diese, ganz bestimmte Richtungslinien aufweisenden, an sich einfachen Versuche, welche lediglich dem Erkenntnisdrange entsprangen, haben weitere und mit besseren Unterlagen versehene Beobachtungsreihen ausgelöst und letzten Endes allgemein einen großen technischen Fortschritt mit sich gebracht.

Vergleicht man z. B. die Ergebnisse auf S. 174 dieser Ausgabe, welche auch schon in dem soeben zitierten früheren Werkchen enthalten sind, mit den Befunden der Seite 93, so wird man zugeben, daß trotz durchschnittlich gleicher Konstruktionsteile hinsichtlich Gütegrad und Leistung ein ganz bedeutendes Plus vorhanden ist.

Und das ist lediglich der Erfolg des bewußten Erforschens scheinbar kleiner Ursachen, die in der Vorstellungswelt des Technikers durchaus nicht a priori vorhanden sind und sich als solche meist erst nach einer größeren Summe von Versuchs-Erfahrungen ausweisen.

Ähnlich liegen die Verhältnisse im Gasgenerator-Betrieb. Stetig und sicher fällt dort eine Verlustquelle nach der anderen, und die Zahl der Betriebsstätten, die an der Grenze der Leistungsfähigkeit angelangt sind, welche durch die Natur der Sache gegeben ist, mehren sich.

Aber nach wie vor stellen trotz der so hoch entwickelten mechanischen Hilfsmittel, wie es etwa der Drehrost am Gasgenerator oder der Kettenrost unter dem Dampfkessel ist, auch heute noch alle Wärmeerzeugungsstellen individuelle Betriebe dar, welche im Gegensatz zu den zwangsläufig arbeitenden mechanisch-physikalischen Prozessen unserer Maschinen stehen. Die hiermit bedingte psychologische Seite, welche weder Hebel noch Schraube bewältigt, kann nur geleitet und geregelt werden durch vertiefte Erkenntnis der physikalisch-chemischen Beziehungen, die den Betriebsprozeß bedingen.

Kann ich zu dieser Überlegenheit auch mit der Herausgabe meines Buches nur ein wenig beitragen, so empfange ich damit das beste Äquivalent für alle Mühen, welche sich oftmals als notwendige Begleiterscheinungen bei Erlangung von Versuchsergebnissen einstellen.

In diesem Sinne bitte ich, meine Beiträge freundlichst aufnehmen zu wollen.

Zehlendorf-Wannseebahn 1912. Dezbr. 7.

F.

Inhalts-Verzeichnis.

III. Teil.
Die Kontrolle des Gasgenerator- und Dampfkessel-Betriebes.

Formel-Verzeichnis.
(Enthält die namentlich gebrauchten Werte.)

Tabellen-Verzeichnis.

 Tabellen-Verzeichnis.

I. Teil.

Die Wärmeerzeugung.

Die Wärmebeschaffung für die gesamten Zweige der Technik kann man nach der Art ihrer Herstellung und Verwendung in zwei Gruppen trennen:

A. in eine Wärmeerzeugung, bei welcher der Brennstoff in der ersten Phase entgast oder vergast und das Gesamtprodukt später in Gasmotoren, metallurgischen Öfen, unter Dampfkessel etc. verbrannt wird und

B. in eine Wärmeerzeugung, bei welcher man die Brennstoffe direkt in Kohlendioxyd und Wasser überführt, um die hierbei auftretenden Wärmemengen unmittelbar an den Wärmeaufnehmer, z. B. einen Dampfkessel, abzugeben.

Gemäß dieser Verwendungsart sollen die in Betracht kommenden thermochemischen Reaktionen und ihre Beziehungen untereinander beschrieben werden.

A. Wärmeerzeugung durch Vergasung und Entgasung von Brennstoffen.

Im Gegensatz zu der direkten, vollkommenen Verbrennung, einmal des Kohlenstoffs zu Kohlendioxyd und ferner des Wasserstoffs zu Wasser, benutzt man in Gas-Generatoren nur einen Teil des vorhandenen Brennstoffs zur soeben angedeuteten Oxydierung und verwendet die hierbei resultierende Wärmemenge für den anderen Teil des Brennstoffs zur Einleitung chemischer Reaktionen, welche entweder aus dem Kohlenstoff und dem atmosphärischen Sauerstoff Kohlenoxyd bilden oder aber durch gebundenen Sauerstoff in Form von Wasser neben Kohlenoxyd auch Wasserstoff als

Spaltungsprodukt des Wassers erzeugen. Kurz ausgedrückt, formt
man also den Kohlenstoff in brennbares, wärmegebendes Gas um
und nennt diesen Prozeß die Vergasung desselben.

Hat man bei der eingangs erwähnten Art, der vollkommenen
Verbrennung, das gebildete Wärmequantum als Resultierende eines
Prozesses, so zerfällt die zweite Art in eine Phase der Gaserzeugung

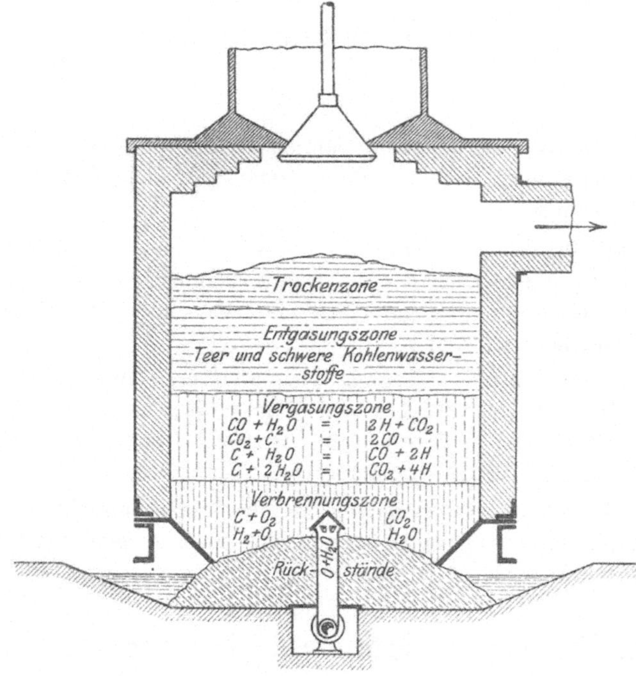

$$CO + H_2O = 2H + CO_2$$
$$CO_2 + C = 2CO$$
$$C + H_2O = CO + 2H$$
$$C + 2H_2O = CO_2 + 4H$$

$$C + O_2 \qquad CO_2$$
$$H_2 + O \qquad H_2O$$

$$O + H_2O$$

Fig. 1.

einerseits und der nachfolgenden Verbrennung zwecks Erzeugung
von Energie in Form von Wärme andererseits. Während im ersten
Fall Reaktions- und Wärmeabgabe-Ort identisch sind, liegen die
Verhältnisse im anderen Fall derart, daß eine räumliche Trennung
des Reaktionsortes von dem eigentlichen Wärmeerzeugungsort sich
als notwendig erweist.

Neben den reinen Vergasungsreaktionen können weiter, sobald
es sich um die Verwendung eines bitumenhaltigen Brennstoffes,
beispielsweise Steinkohle, handelt, infolge der aus der teilweisen,

direkten Verbrennung herrührenden Wärmemengen Destillationen oder **Entgasungen** einhergehen, welche den Reaktionsprodukten eine wesentlich verschiedene Zusammensetzung mit anderen Eigenschaften erteilen. Es ist dies ohne weiteres verständlich, wenn man die hohe Anzahl von Entgasungsprodukten bedenkt, welche je nach Art des Bitumens und der Höhe der Entgasungstemperatur entstehen.

Wird ein Gaserzeugungsbetrieb mit einheitlichen Substanzen, z. B. Kohlenstoff in Form von Koks, geführt, so sind die Bedingungen zur Kontrolle der einzelnen Vorgänge und der Zusammensetzung des Gases wesentlich einfacher, als wenn man neben dem Kohlenstoff im Ausgangsmaterial weiter an Kohlenstoff gebundenen Wasserstoff als Bitumen hat. Ist bei dem reinen Vergasungsprozeß eine rechnerische Kontrolle der einzelnen Vorgänge durchführbar, so stellen sich bei den nebenlaufenden Entgasungsprozessen Bedingungen ein, welche lediglich durch empirische Ermittlung bestimmt werden können. Eine schematische Darstellung dieser Vorgänge ist in Fig. 1 gegeben.

Alle Reaktionen im Generator kann man von drei Gesichtspunkten aus betrachten, nämlich hinsichtlich der Mengenverhältnisse, ferner der Wärmebilanzen bei diesen Umsätzen und endlich hinsichtlich der vorhandenen chemischen Gleichgewichtszustände.

In den folgenden Abschnitten sind diese die Vergasung und Entgasung von Brennstoffen betreffenden Reaktionen behandelt.

1. Die Vergasung von Kohlenstoff durch freien Sauerstoff.

Da wohl in überwiegendem Maße innerhalb technischer Betriebe nicht reiner Sauerstoff, sondern dieser in Mischung mit Stickstoff der Luft entnommen zur Verwendung gelangt, beziehen sich demgemäß die weiter folgenden Berechnungen auf atmosphärische Luft; der in wechselnden Mengen vorhandene Wasserdampf, Kohlendioxyd usw., wird außer acht gelassen.

Demnach hat man bei Normalbedingungen in einem Kubikmeter Luft 0,21 cbm Sauerstoff und 0,79 cbm Stickstoff; dieses Volumverhältnis ergibt im Gewicht 0,30 kg Sauerstoff und 0,99 kg Stickstoff, so daß das Gewicht eines Kubikmeters 1,29 kg beträgt und folgende Zusammensetzung aufweist:

4   Die Wärmeerzeugung.

	Vol.-Proz.	Gew.-Proz.
Sauerstoff O	21,0	23,2
Stickstoff N	79,0	76,8

Für die Vergasung des Kohlenstoffs durch freien Sauerstoff kommen folgende Reaktionen in Betracht: Sauerstoff über glühenden Kohlenstoff, z. B. Koks, geleitet, gibt je nach dem Mischungsverhältnis beider entweder Kohlendioxyd als Verbrennungs- oder Kohlenoxyd als Vergasungsprodukt.

Bei der Verbrennung des Kohlenstoffs C hat man demnach

$$C + O_2 = CO_2,$$

während bei der Vergasung folgende Reaktionen auftreten können:

$$C + O = CO$$
$$CO_2 + C = 2\,CO.$$

Demnach entsteht Kohlenoxyd CO einmal direkt durch beschränkte Zuführung des Sauerstoffs O, während weiterhin die durch überschüssigen Sauerstoff gebildete Kohlensäure bei Gegenwart glühenden Kohlenstoffs zu Kohlenoxyd reduziert wird.

Von Boudouard, Naumann und Ernst, Lang usw. liegen hierzu Untersuchungen vor, welche die Umstände, unter denen beide Vergasungsreaktionen auftreten, zum Gegenstand haben und später noch erwähnt werden sollen.

Gemäß der Gleichung $C + O = CO$ berechnet sich die Luftmenge zu dieser Reaktion wie folgt:

$$C + O = CO = 12 + 16 = 1 : 1,33.$$

Da nun in 100 kg Luft 23,2 kg Sauerstoff enthalten sind, erhält man pro 1 kg Kohlenstoff 5,73 kg oder 4,44 cbm Luft.

Ist der Kohlenstoffgehalt eines Brennstoffs in Gewichtsprozent C, so erhält man also die Luftmenge zur CO-Bildung dem Gewichte nach, Lg_{CO} zu

$$Lg_{CO} = \frac{C \cdot 5,73}{100}$$

und dem Volumen nach, Lv_{CO} zu

$$Lv_{CO} = \frac{C \cdot 4,44}{100}.$$

Das Reaktionsprodukt, Kohlenoxyd, beträgt dem Gewichte nach, da es sich hier um Zuführung von 1 kg C zur Luft handelt, 1 plus der berechneten Luftmenge, hier also

$$CO_g = \frac{C \cdot 6,73}{100}$$

und besteht aus

$$4,40 \text{ kg Stickstoff} \quad = 65,4 \text{ Gew.-Proz. } N,$$
$$2,33 \text{ „ Kohlenoxyd} = 34,6 \quad\quad \text{„} \quad\quad CO.$$

Dem Volumen nach erhält man für CO_v folgende Werte.

Äquivalent $^1/_2$ Vol. Sauerstoff ist 1 Vol. Kohlenoxyd; da, wie früher gezeigt, zur CO-Bildung 4,44 cbm Luft, bestehend aus

$$3,51 \text{ cbm Stickstoff,}$$
$$\underline{0,93 \text{ „ Sauerstoff,}}$$
$$\text{zus. } 4,44 \text{ cbm Luft,}$$

nötig sind, so erhält man für CO $0,93 \times 2 =$

$$1,86 \text{ cbm Kohlenoxyd} = 34,6 \text{ Vol.-Proz. } CO,$$
$$\underline{3,51 \text{ „ Stickstoff} \quad = 65,4 \quad\quad \text{„} \quad\quad N,}$$
$$\text{zus. } 5,37 \text{ cbm Gas.}$$

Demnach hat man CO_v zu

$$CO_v = \frac{C \cdot 5,37}{100} \; .$$

Zusammengefasst ergibt sich für die CO-Bildung:

a) dem Gewichte nach: 2,33 kg Kohlenoxyd $= 34,6$ Gew.-Proz.,
$$\underline{4,40 \text{ „ Stickstoff} \quad = 65,4} \quad\quad \text{„}$$
$$\text{zus. } 6,73 \text{ kg Gas} \quad\quad\quad 100,0$$

b) dem Volumen nach: 1,86 cbm Kohlenoxyd $= 34,6$ Vol.-Proz.,
$$\underline{3,51 \text{ „ Stickstoff} \quad = 65,4} \quad\quad \text{„}$$
$$\text{zus. } 5,37 \text{ cbm Gas} \quad\quad\quad 100,0.$$

Tatsächlich ist es unmöglich, diesen Prozeß nur mit den quantitativen Mengen durchzuführen und ferner sind hierzu gewisse Reaktionstemperaturen nötig; man verbrennt daher immer einen Teil des Kohlenstoffs zu Kohlendioxyd und hat die hierbei freiwerdende Wärmemenge als Reaktionstemperatur zur Verfügung.

In dem so erzeugten Reaktionsprodukt wird daher immer Kohlendioxyd in wechselnden Mengen vorhanden sein, weshalb hier weiter die Luft- und Gasmengen zur Durchführung dieses Prozesses ebenfalls erörtert werden sollen.

Gemäß der Gleichung $C + O_2 = CO_2$ berechnet sich die Luftmenge zu dieser Reaktion, wie folgt:

$$C + O_2 = CO_2 = 12 + 32 = 1 : 2,66.$$

100 kg Luft enthalten 23,2 kg Sauerstoff und 76,8 kg Stickstoff. Pro 1 kg Kohlenstoff sind also $\dfrac{1 \cdot 2,66}{0,232} = 11,47\,\text{kg Luft nötig}$, um diesen zu Kohlendioxyd zu verbrennen; äquivalent 11,47 kg sind 8,81 cbm.

Ist der Kohlenstoffgehalt des Brennstoffs, C in Gewichtsprozent, bekannt, so erhält man die zur Verbrennung zu Kohlendioxyd nötige Luftmenge in kg, Lg_{CO_2} zu

$$Lg_{CO_2} = \frac{C \cdot 11,47}{100},$$

und in cbm, Lv_{CO_2} zu

$$Lv_{CO_2} = \frac{C \cdot 8,81}{100}.$$

Das gebildete Verbrennungsprodukt beträgt, wie vor, dem Gewichte nach $1 +$ der Luftmenge, also

$$CO_{2g} = \frac{C \cdot 12,47}{100}$$

und besteht aus

$$
\begin{array}{llll}
2,89 \text{ kg Kohlendioxyd} & = 23,2 \text{ Gew.-Proz.} & CO_2, \\
9,58 \text{ „ Stickstoff} & = 76,8 & \text{„} & N, \\
\hline
\text{zus. } 12,47 \text{ kg Gas} & 100,0.
\end{array}
$$

Dem Volumen nach erhält man, da 1 Vol. O äquivalent 1 Vol. CO_2 ist, ebenfalls 8,81 cbm Verbrennungsprodukte, bestehend aus

$$
\begin{array}{llll}
1,85 \text{ cbm Kohlendioxyd} & = 21,0 \text{ Vol.-Proz.} & CO_2, \\
6,96 \text{ „ Stickstoff} & = 79,0 & \text{„} & N, \\
\hline
\text{zus. } 8,81 \text{ cbm Gas} & 100,0,
\end{array}
$$

mithin CO_{2v} zu

$$CO_{2v} = \frac{C \cdot 8,81}{100}.$$

Gemäß diesen Relationen entsprechen die Vergasungs- und Verbrennungsprodukte des Kohlenstoffs bei Anwendung atmosphärischer Luft folgenden Verhältnissen:

$$
\begin{array}{ll}
\text{Vergasung} & \text{Verbrennung} \\
34,6 \text{ Vol.-Proz. } CO = & 21,0 \text{ Vol.-Proz. } CO_2. \\
1 \quad\text{„}\quad CO = & 0,60 \quad\text{„}\quad CO_2. \\
1 \quad\text{„}\quad CO_2 = & 1,65 \quad\text{„}\quad CO.
\end{array}
$$

Da nun bei der Vergasung neben Kohlenoxyd immer Kohlendioxyd auftritt, kann man aus den bekannten Mengen eines Bestandteiles die des andern berechnen; zur Durchführung dieser Rechnung erhält man folgende Ansätze:

Bekannt ist die CO_2-Menge; die CO-Menge in Volum-Prozenten ist dann

$$CO = 34{,}6 - (CO_2 . 1{,}65).$$

Bekannt ist die CO-Menge; die CO_2-Menge in Volum-Prozenten ist dann

$$CO_2 = (34{,}6 - CO) . 0{,}60.$$

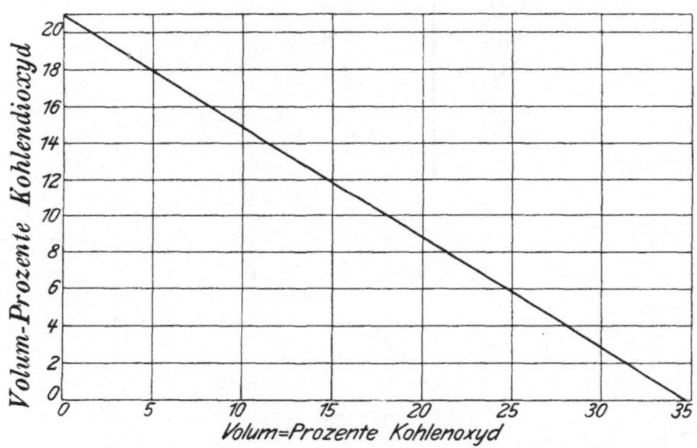

Fig. 2.

Die Fig. 2 bringt diese Beziehungen zum Ausdruck. Nun ist die Höhe der Reaktionstemperatur von Einfluß auf die Zusammensetzung des Gases und zwar entspricht einer bestimmten Temperatur ein festes Gleichgewichtsverhältnis zwischen Kohlendioxyd und Kohlenoxyd. Allgemein ausgedrückt ergibt sich, daß der CO-Gehalt mit zunehmender Temperatur wächst und hierfür die Menge an CO_2 fällt.

So sind für diese Gleichgewichtsbedingungen

$$C + CO_2 \rightleftarrows 2\,CO$$

vielerlei Untersuchungen vorhanden, von denen die Boudouardschen wohl als die bekanntesten gelten können.

Z. B. wurde ermittelt:

Temperatur	Gaszusammensetzung	
	Proz. CO_2	Proz. CO
450	97,8	2,2
500	94,6	5,4
550	88,0	12,0
600	76,8	23,2
650	60,2	39,8
700	41,3	58,7
750	24,1	75,9
800	12,4	87,6
850	5,9	94,1
900	2,9	97,1
950	1,4	98,6
1000	0,9	99,1

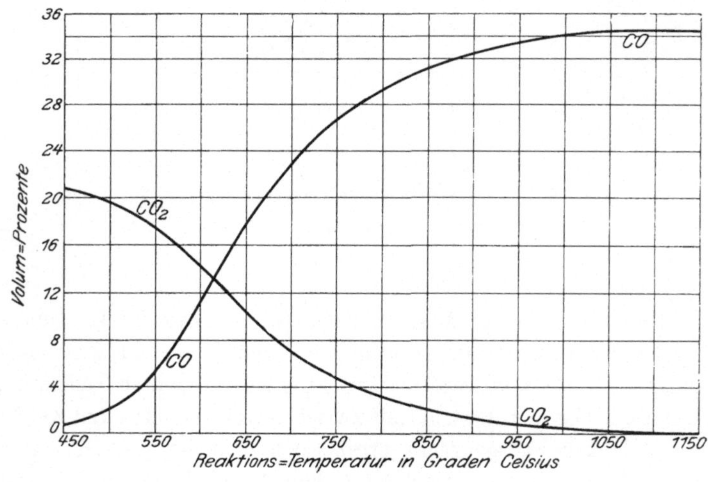

Fig. 3.

Eine bequeme Übersicht über die Gleichgewichtsbedingungen, bezogen auf praktische Verhältnisse, zeigt das Diagramm Fig. 3.

Neuerdings sind diese Versuche unter anderen auch von Mayer & Jacoby wiederholt worden, wobei sich herausgestellt hat,

daß a) eine befriedigende Übereinstimmnng mit den Boudouardschen
Werten vorliegt, b) daß die Experimenttatsachen bei niederen Temperaturen mit den höheren Temperaturen nicht in Einklang zu bringen
sind, c) daß das Gleichgewicht in höheren Temperaturen der Gleichung
$CO_2 + C \rightleftarrows 2\,CO$ nicht allein entspricht und endlich d) daß der
von Haber gegründete Beweis primärer CO_2-Bildung bei der Verbrennung des Kohlenstoffs auch durch diese Versuche gestützt wird.

Dieser letzte Satz würde bedingen, daß die Verbrennung des
Kohlenstoffs in zwei Stadien
vor sich geht:

$$C + O_2 = CO_2$$
$$CO_2 + C \rightleftarrows 2\,CO.$$

Die Fig. 4 enthält in
den Kurven I und II Gleichgewichtsbedingungen, welche
die unter b) angezeigte Nicht-
übereinstimmung der Ergebnisse bei hoher und niederer
Temperatur klar zum Aus-
druck bringt.

Wesentlich ist noch,
daß die Gleichgewichtszu-
stände sich schneller bei
höherer als bei niederer
Temperatur einstellen.

Um die Beziehungen
der Laboratoriumsversuche
zu den Verhältnissen in Betrieben schon jetzt ins richtige Licht zu
setzen, sei hier eine kleine Abschweifung von theoretischen Betrachtungen ins praktische Gebiet gestattet. Im wirklichen Generatorprozeß
liegen die Verhältnisse so, daß die Zeiten der Berührung von Luft
mit Kohle ganz bedeutend geringere sind als bei allen Versuchen, die
den Gleichgewichtszustand zum Gegenstand des Studiums hatten.
Man muß deshalb möglichst hohe Temperaturen und möglichst
niedrige Geschwindigkeiten der Luft, mit der im Generator vergast
werden soll, zu erreichen streben und außerdem noch durch
passende Brennstoffwahl für die größte Berührungsfläche zwischen
Luft—Gas—Brennstoff sorgen.

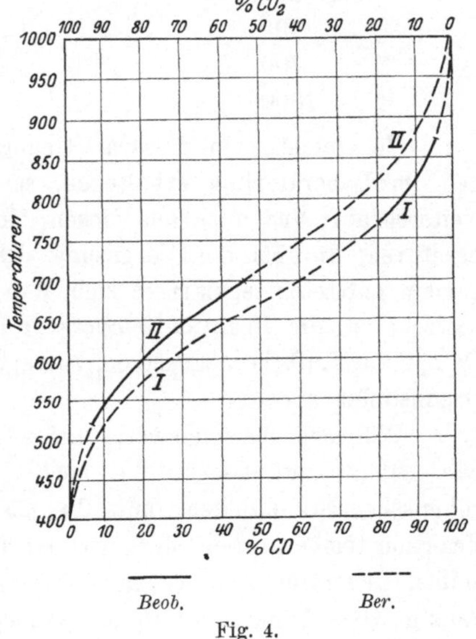

Fig. 4.

Diese Bedingungen sind aus mancherlei Gründen betriebsseitig nicht immer so herzustellen, wie es erforderlich wäre; deshalb findet man auch bei Luftvergasung meist höhere Temperaturen, als sich aus den Gasgleichgewichten, die laboratoriumsseitig angestellt wurden, erwarten lassen.

Aus einer großen Anzahl von Messungen wurde z. B. ermittelt:

Höhe über Generatorrost	Temperatur
ca. 250 mm	ca. 1400⁰.
„ 400 „	„ 1270⁰
„ 700 „	„ 1150⁰
„ 1000 „	„ 1060⁰

Vergleicht man diese an Generatoren gemessenen Werte mit den im Laboratorium erhaltenen, so fallen die Unterschiede ohne weiteres auf; und auch aus diesen effektiv vorhandenen hohen Temperaturen, die bei der Vergasung des Kohlenstoffs durch Luft allgemein auftreten, erklärt es sich, daß man aus mancherlei Gründen bestrebt ist, die Reaktionstemperatur durch Zusatz von Wasser oder Dampf zur Luft herabzusetzen, solange man nicht mit wasserhaltigen Brennstoffen arbeitet.

Während beispielsweise auf Siemens Luftgas-Generatoren, wie solche auf Glashütten noch zahlreich angetroffen werden, böhmische Braunkohlen mit 20—25 % Wasser ohne allzuhohe Reaktionstemperaturen oder, wie der Kunstausdruck lautet, ohne zu heißen Generatorgang, vergast werden können, erfordert es schon ganz gewisse Änderungen in der Betriebsführung, wenn man deutsche Braunkohlenbriketts annähernd gleicher Korngröße mit ca. nur 12 % Wassergehalt auf denselben Generator vergasen will.

2. Die Wärmemengen bei der Vergasung von Kohlenstoff durch freien Sauerstoff.

Die Thermochemie ergibt Wärmemengen, welche einmal den eben reagierenden Komponenten an sich eigen sind, hier Reaktionswärme genannt, und ferner Wärmemengen, welche in den Produkten des chemischen Vorgangs vorhanden und als Produktbrennwert bezeichnet werden.

Für die Vergasung von Kohlenstoff durch Sauerstoff hat man:

$$C + O = CO = 12 + 16 = 28.$$

Nimmt man den Brennwert des Kohlenstoffs zu 8080 cal an, so erhält man:

$$C + O = CO$$

Reaktionswärme. . . . 28584 cal   — cal

Produktbrennwert . . .   —   „   68376 „

Ferner:

$$C + O_2 = CO_2 \qquad CO_2 + C = 2\,CO$$

Reaktionswärme. . . . 96960 cal   39792 cal

Produktbrennwert . . .   — cal   136752 cal

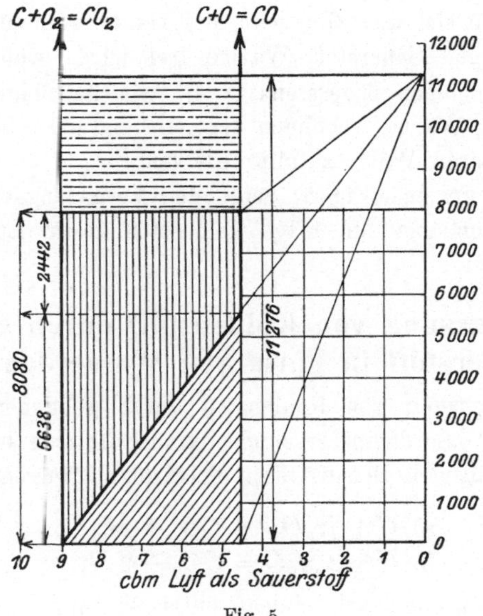

Fig. 5.

Hierbei ist zu bemerken, daß zur CO_2-Zersetzung 96960 cal nötig sind, während bei der CO-Bildung 28584 cal frei werden, d. h. $2\,CO = 57168$ cal, mithin $96960 - 57168 = 39792$ cal gebunden bleiben.

Diese Daten beziehen sich durchweg auf molekulare Mengen; dividiert man durch das Molekulargewicht des Kohlenstoffs 12, so erhält man pro 1 kg Kohlenstoff:

	Reaktionswärme	Produktbrennwert
1 kg Kohlenstoff, oxydiert zu CO_2	8080 cal	— cal
1 „ „ „ „ CO	5638 „	2442 „

Ferner reduziert 1 kg Kohlenstoff gemäß der Gleichung $CO_2 + C = 2\,CO$ 3,67 kg Kohlensäure zu 4,67 kg Kohlenoxyd, wobei die Thermochemie dieses Vorgangs wie folgt ist:

	Reaktions-wärme	Produkt-brennwert
1 kg Kohlenstoff red. 3,67 kg CO_2 zu		
4,67 kg Gas	3316 cal	11396 cal

oder

1 kg Kohlenstoff und 3,67 kg Kohlendioxyd und 3316 cal = 4,67 kg Gas und 11396 cal.

Es ergibt sich also allgemein, daß bei der Kohlenstoffvergasung nur durch freien Sauerstoff Wärme frei wird, während bei Anwendung gebundenen Sauerstoffs, z. B. wie im obigen Beispiel in Form von CO_2 Wärme gebunden verbleibt und diese Prozesse durchweg einer äußeren Wärmezufuhr bedürfen.

Das Diagramm (Fig. 5) zeigt den Vergasungsvorgang durch freien Sauerstoff und für 1 kg Kohlenstoff sowie Luft als Sauerstoffträger.

3. Die Vergasung von Kohlenstoff durch gebundenen Sauerstoff in Form von Wasserdampf.

Die Vergasung von Kohlenstoff durch gebundenen Sauerstoff in Form von Wasserdampf geschieht durch Einblasen desselben durch eine Schicht glühenden Brennstoffs; hierbei können folgende Reaktionen auftreten:

$$\text{a)}\ C + H_2O\ = CO\ + H_2,$$
$$\text{b)}\ C + 2\,H_2O = CO_2 + 2\,H_2;$$

der Prozeß kann demnach einmal unter Bildung von Kohlenoxyd und Wasserstoff und das andere Mal unter Bildung von Kohlensäure und Wasserstoff vor sich gehen. Gemäß der Gleichung a berechnen sich die Reaktionsmengen wie folgt:

$$C + H_2O = CO + H_2 = 12 \text{ und } 18 = 1 : 1{,}5;$$

pro 1 kg Kohlenstoff hat man demnach 1,5 kg Wasserdampf zur Zersetzung notwendig.

Bei diesem Prozeß: $C + H_2O = CO + H_2$ entsteht pro 1 kg Kohlenstoff ein Gas folgender Zusammensetzung:

$$
\begin{array}{rccl}
2{,}33 \text{ kg} = & 93{,}2 \text{ Gew.-Proz.} & CO, \\
\underline{0{,}17\ \text{„}\ =} & \underline{6{,}8\quad\quad} & \text{„}\quad H, \\
\text{zus. } 2{,}50 \text{ kg Gas} = & 100{,}0 \text{ Gew.-Proz.}; &
\end{array}
$$

dem Volumen nach hat man

$$1,86 \text{ cbm} = \quad 49,3 \text{ Vol.-Proz. } CO,$$
$$1,91 \quad \text{„} \quad = \quad 50,7 \quad \text{„} \quad H,$$

zus. 3,77 cbm Gas = 100,0 Vol.-Proz.

Gemäß der Gleichung b erhält man folgende Reaktionsmengen:

$$C + 2\,H_2O = CO_2 + 2\,H_2 = 12 \text{ und } 36 = 1 : 3,0;$$

pro 1 kg Kohlenstoff hat man demnach 3,0 kg Wasser in Form von Dampf nötig.

Als Reaktionsprodukt erhält man für 1 kg Kohlenstoff:

$$3,66 \text{ kg} = \quad 91,8 \text{ Gew.-Proz. } CO_2,$$
$$0,33 \quad \text{„} \quad = \quad 8,2 \quad \text{„} \quad H,$$

zus. 3,99 kg Gas = 100,0 Gew.-Proz;

dem Volumen nach hat man sodann

$$1,86 \text{ cbm} = \quad 33,2 \text{ Vol.-Proz. } CO_2,$$
$$3,71 \quad \text{„} \quad = \quad 66,8 \quad \text{„} \quad H,$$

zus. 5,57 cbm   100,0 Vol.-Proz.

In den meisten Fällen hat man weder eine reine Vergasung von Kohlenstoff vermittelst freien oder gebundenen Sauerstoffs, sondern es laufen beide Prozesse nebeneinander her und wird dieser Vorgang als Mischvergasung des Kohlenstoffs bezeichnet. Man saugt beispielsweise vermöge eines Dampfstrahlgebläses atmosphärische Luft an und mischt diese mit dem austretenden Arbeitsdampf; Luft und Wasserdampf treten durch die glühende Brennstoffschicht und leiten die hier erörterten Reaktionen ein.

Bezeichnet man das Reaktionsprodukt der Vergasung mit freiem Sauerstoff als Generatorgas oder auch Luftgas, das der Vergasung mit gebundenem Sauerstoff in Form von Wasserdampf als Wassergas, so nennt man das Produkt der Mischvergasung entweder Mischgas oder Halbwassergas.

Je nach den Spannungsverhältnissen der Luft, des Dampfes und des Gases spricht man weiter von Druck- oder Sauggeneratoren.

4. Die Wärmemengen bei der Vergasung von Kohlenstoff durch gebundenen Sauerstoff (Wasserdampf).

Während bei den bisher geschilderten Prozessen nur Gase als Reaktionsprodukte auftraten, kommt bei den hier folgenden ein kondensierbarer Dampf, Wasserdampf, hinzu. Dieser kann nun entweder zu flüssigem Wasser kondensieren oder aber dampfförmig verbleiben. Kondensiert Wasserdampf, so gibt er bekanntlich seine latente Wärme ab, während im dampfförmigen Zustand letztere gebunden verbleibt. In technischen Prozessen hier besprochener Reaktionen ist Wasserdampf allemal als Dampf vorhanden und mit Rücksicht hierauf sind die folgenden thermochemischen Rechnungen auf dampfförmiges Wasser bezogen.

Für die Vergasung des Kohlenstoffs durch gebundenen Sauerstoff kommen folgende Reaktionen in Betracht:

	Reaktionswärme	Produktbrennwert
a) $C + H_2O = CO + H_2$		
$-57532 + 28584$	-28948 cal	125908 cal,
b) $C + 2\,H_2O = CO_2 + 2\,H_2$		
$-115064 + 96960$	-18104 cal	115064 cal.

Sowohl nach Reaktion a als auch nach b wird mithin Wärme verbraucht.

Hierbei liegen für die thermochemischen Daten folgende Überlegungen zugrunde. Bildet man Wasserdampf, so wird eine gewisse Wärmemenge frei, welche bei der Zersetzung, soweit diese ohne Verluste vor sich geht, wieder verbraucht werden müssen. Für Wasserdampf hat man

$$O_2 + 2\,H_2 = 2\,H_2O \quad \text{oder}$$
$$32 + 4 = 36.$$

Der Brennwert des Wasserstoffs, bezogen auf dampfförmiges Wasser, ist nun 28766 cal, d. h. für obige molekulare Mengen werden 115064 cal bei der Wasserdarstellung frei; die übrigen Werte ergeben sich aus früheren Mitteilungen.

Wiederum auf 1 kg Kohlenstoff bezogen, hätte man zu schreiben:

a) 1 kg Kohlenstoff und 1,5 kg Wasserdampf $+ 2412$ cal $= 3,77$ cbm Gas $+ 10492$ cal

b) 1 kg Kohlenstoff und 3,0 kg Wasserdampf $+ 1509$ cal $= 5,57$ cbm Gas $+ 9589$ cal.

Da einwandsfreie Gleichgewichtskurven für diese Reaktionen nicht bekannt sind, genügt der Hinweis, daß mit der Temperaturzunahme die Menge des zersetzten Wasserdampfes bedeutend ansteigt, so z. B. nach Versuchen von Harries bei $674^0 = 8,8\ ^0/_0$, bei $1125^0 = 99,4\ ^0/_0$ zersetzter Dampf von der total zugeführten Menge.

5. Die Mischvergasung des Kohlenstoffs.

Läßt man, wie bereits vor kurzem erwähnt, die Vergasung des Kohlenstoffs sowohl durch freien als auch durch gebundenen Sauerstoff vor sich gehen, so erhält man nebeneinander laufende Prozesse, welche als Mischvergasung bezeichnet werden.

In den meisten Fällen wird man es mit Ausnahme der reinen Wassergasanlagen mit einem Mischgas zu tun haben.

Nach welcher Art die Mischvergasung vor sich geht und wie groß bei bituminösen Brennstoffen der Anteil der Entgasung ist, läßt sich zurzeit nicht klar feststellen.

Für den Mischgasprozeß eines mit Koks oder Anthrazit geführten Generators, bei welchem der Entgasungsprozeß nur minimal sein kann, läßt sich beispielsweise folgender Vorgang theoretisch verfolgen, welcher hinsichtlich Gleichgewichtsbedingungen und Wärmebilanzen vollkommen befriedigt.

$$3\,C + O_2 + 2\,H_2O = CO_2 + 2\,CO + 2\,H_2.$$

Diese Reaktion würde sich stützen auf die im vorigen Abschnitt unter b angegebene Gleichung:

$$C + 2\,H_2O = CO_2 + 2\,H_2,$$

wobei als Reaktionswärme -18104 cal und als Produktbrennwert 115064 cal resultieren; hinzu käme noch die Gleichung:

$$C + O = CO$$

mit 28584 cal Reaktionswärme und 68376 cal Produktbrennwert.

Hier müßte man demnach, um den Wärmeverbrauch bei der Zerlegung des Wasserdampfes mit 18104 cal zu realisieren, den Vergasungsprozeß durch freien Sauerstoff ($C + O = CO$) zweimal für die Reaktion durch gebundenen Sauerstoff ($C + 2\,H_2O = CO_2 + 2\,H_2$) durchführen.

Dann erhält man aus 36 kg Kohlenstoff, 32 kg Sauerstoff (letzterer als Luft) und 36 kg Wasserdampf 208 kg Generatorgas, welches folgende Zusammensetzung aufweisen würde:

Kohlendioxyd	43,7 kg =	21,0 Gew.-Proz.
Kohlenoxyd	55,6 „ =	26,7 „
Wasserstoff	4,0 „ =	1,9 „
Stickstoff	104,9 „ =	50,4 „

zus. 208,2 kg = 100,0 Gew.-Proz.

oder in Volum-Prozent:

Kohlendioxyd	22,2 cbm =	11,4 Vol.-Proz.
Kohlenoxyd	44,5 „ =	22,8 „
Wasserstoff	44,7 „ =	22,9 „
Stickstoff	83,6 „ =	42,9 „

zus. 195,0 cbm = 100,0 Vol.-Proz.

Mit 1 kg Kohlenstoff könnte man nach dieser Reaktion erhalten unter Zuhilfenahme von 3,8 kg Luft und 1 kg Wasserdampf 5,42 cbm Generatorgas von 0^0 und 1283 cal Heizwert pro 1 cbm; von den 8080 cal Heizwert des Kohlenstoffs wären demnach $5,42 . 1283 = 6954$ cal im Generatorgas vorhanden, d. h. $86\,^0/_0$ wäre der Wirkungsgrad ohne Berücksichtigung der Eigenwärme des Gases durch höhere Temperatur.

Für letztere verbleiben 1126 cal; unter Berücksichtigung der mittleren spez. Wärme würden annähernd 875^0 Temperatur nötig sein, um die fehlenden $14\,^0/_0$ des Kohlenstoffheizwerts für die Eigenwärme des Gases zu decken; diese Temperaturangabe deckt sich mit den vorhandenen, so daß als Mischgasprozeß mit idealem Wirkungsgrad obige Gleichung angesehen werden kann.

Das Diagramm (Fig. 6) zeigt die Zusammensetzung und Menge der bisher besprochenen Gase in übersichtlicher Weise.

Natürlich sind noch weitere Reaktionen vorhanden und treten auch effektiv auf, speziell bei Verwendung bitumenhaltiger Brennstoffe, z. B.:

$$C + 2H_2 = +CH_4 \qquad CO_2 + 4H_2 = +\ CH_4 + 2H_2O$$
$$CO + H_2O = -CO_2 + H_2 \qquad CO_2 + CH_4 = -2CO + 2H_2$$
$$CO + 3H_2 = +CH_4 + H_2 \qquad CH_4 + H_2O = -\ CO + 3H_2$$
$$2CO = +CO_2 + C \qquad CH_4 + 2H_2O = -\ CO_2 + 4H_2$$
$$CO_2 + H_2 = +CO + H_2O$$

Hiervon sind die Reaktion, welche positive Produktbrennwerte haben, mit einem $+$-, bei negativen mit einem $-$-Zeichen versehen.

Schliesslich sei hier noch des Hochofengases Erwähnung getan, welches ebenfalls als ein Produkt der Mischvergasung angesehen werden kann. Mittelwerte einer größeren Anzahl von Analysen des Kokshochofengases ergaben:

$$CO_2 \quad \ldots \ldots \quad 8,6 \text{ Vol.-Proz.}$$
$$CO \quad \ldots \ldots \quad 29,3 \quad \text{„}$$
$$H \quad \ldots \ldots \quad 2,1 \quad \text{„}$$
$$CH_4 \quad \ldots \ldots \quad 0,2 \quad \text{„}$$
$$N \quad \ldots \ldots \quad 59,8 \quad \text{„}$$

Unter Zugrundelegung der noch später mitzuteilenden Heizwerte brennbarer Gase ergibt sich pro 1 cbm von Normalbedingungen ein mittlerer Heizwert von 966 cal. Für 1 kg Koks kann man im Mittel eine Gasausbeute von 4,4 cbm annehmen, so daß aus etwa 6800 cal mittlerer Koksheizwert ca. 4250 cal Hochofengasheizwert resultieren.

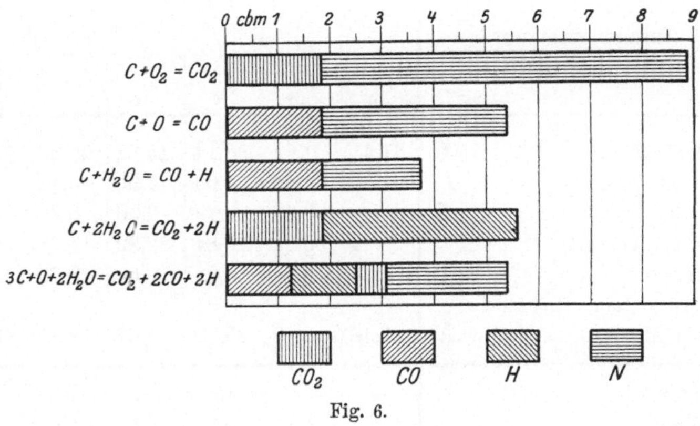

Fig. 6.

6. Die Entgasung bitumenhaltiger Brennstoffe.

Erhitzt man bitumenhaltige Brennstoffe ohne Zutritt von atmoshpärischer Luft, z. B. Steinkohle, so tritt eine Destillation ein, welche mit Entgasung bezeichnet wird und bei der eine große Anzahl von Materien aus dem Ursprungsmaterial entweichen.

Da dieser Prozeß bei Verwendung bitumenhaltiger Brennstoffe, die zur Vergasung dienen, nebenhergeht, soll derselbe hier einer näheren Betrachtung unterzogen werden.

Bei der Erhitzung entweicht zuerst das dem Brennstoff anhaftende Wasser. Je nach der Destillations-Temperatur ist nun die Menge und Art der freiwerdenden Substanzen verschieden, und zwar resultieren in der zweiten Periode nicht kondensierende Gase, während zum Schluß Dämpfe entbunden werden, welche bei Lufttemperatur kondensieren und zum Teil flüssigen, zum Teil festen Zustand annehmen. Der vollständig entgaste Rückstand, Koks, besteht theoretisch nunmehr nur noch aus Kohlenstoff und den mineralischen Beimengungen des ursprünglichen Materials.

Trennt man diese einzelnen Hauptfraktionen in kondensiertes Wasser oder kurzweg Gaswasser, Gasanteil, Teeranteil (für die kondensierten Dämpfe) und Koksausbeute, so erhält man eine für die Beurteilung irgend eines Brennstoffs wichtige Charakteristik.

Z. B. herrschen in diesem Sinne folgende Mischungsverhältnisse vor:

Zusammensetzung	Brennstoff Nr.					
	1	2	3	4	5	6
	%	%	%	%	%	%
Kohlenstoff C	41,41	21,04	50,14	45,82	51,28	74,38
Wasserstoff . . . . . H	4,31	2,98	4,09	4,59	6,40	4,54
Schwefel . . . . . . S	—	0,86	1,12	3,06	0,72	0,90
Wasser, hygrosk. . . H_2O	25,24	56,24	14,84	22,32	15,64	5,48
Rückstände . . . . Rck.	1,58	3,45	4,71	10,54	8,70	3,79
Sauerstoff und Stickstoff als Differenz . . . $O + N$	27,46	15,43	25,10	13,67	17,26	10,91
Gaswasser	25	57	15	24	16	6
Gasanteil	36	18	30	30	15	21
Teeranteil	4	3	4	6	7	5
Koksausbeute	35	22	51	40	62	68

Brennstoff Nr. 1: Oldenburger Maschinentorf.

Brennstoff Nr. 2: Rohbraunkohle aus dem Niederlausitzer Becken.

Brennstoff Nr. 3: Brikettierte Braunkohle aus dem Niederlausitzer Becken.

Brennstoff Nr. 4: Böhmische Braunkohle aus dem Duxer Becken.

Brennstoff Nr. 5: Braunkohle aus einem Vorkommen in Russisch-Polen.

Brennstoff Nr. 6: Steinkohle aus Oberschlesien.

Aus den angegebenen Zahlenwerten ersieht man die außerordentlich verschiedenen Variationen; eine Beziehung zwischen elementarer Zusammensetzung und der Konstitution in bezug auf die oben angegebene Trennung ist nicht erkennbar.

Verteilt man die einzelnen Fraktionen z. B. nach ihren Wärmewerten, so erhält man folgende Zusammenstellung:

Brennstoff Nr. 2.

Ursprünglicher Brennwert . . . . 2323 cal.

Gaswasser	$= 57\,^0/_0$ a	— cal	$=$	— cal,
Gasanteil	$= 18$ „	„ 2966 „	$=$	534 „
Teeranteil	$= 3$ „	„ 9412 „	$=$	282 „
Koksausbeute	$= 22$ „	„ 6855 „	$=$	1507 „

in Summa   2323 cal.

Brennstoff Nr. 5.

Ursprünglicher Brennwert . . . . 5081 cal.

Gaswasser	$= 16\,^0/_0$ a	— cal	$=$	— cal,
Gasanteil	$= 15$ „	„ 753 „	$=$	113 „
Teeranteil	$= 7$ „	„ 8226 „	$=$	576 „
Koksausbeute	$= 62$ „	„ 7084 „	$=$	4392 „

in Summa   5081 cal.

Ebenso verschieden wie die einzelnen Hauptfraktionen sind auch die Anteile der diese bildenden Grundmaterien. In dem kondensierten Wasser, dem Gaswasser, befinden sich in Form von Salzen Verbindungen aus dem Schwefel und dem Stickstoff des Brennstoffs usw., Substanzen, die hier ohne Interesse sind. Außerordentlich mannigfaltig und der Beachtung wert ist ferner die Zusammensetzung des Gasanteils. Von Einfluß hierauf ist, wie schon eingangs erwähnt, neben der Art des Brennstoffs die Zeitdauer und die Höhe der Temperatur, mit welcher die Entgasung durchgeführt wurde.

Ein Beispiel soll hierzu zahlenmäßige Belege geben.

Bei der Entgasung einer Steinkohle in einer Retorte wurde beobachtet:

2*

Zeitdauer der Temperatur-einwirkung in Stunden	Zusammensetzung des Entgasungsprodukts in $^0/_0$					
	CO_2 Kohlen-dioxyd	CO Kohlen-oxyd	CH_4 Methan	C_2H_4 Äthylen	H Wasser-stoff	N Stick-stoff
1	2,3	5,9	59,2	8,4	21,0	3,2
5	1,4	6,4	23,8	2,1	64,6	1,7
10	1,3	6,3	22,4	1,9	67,0	1,1

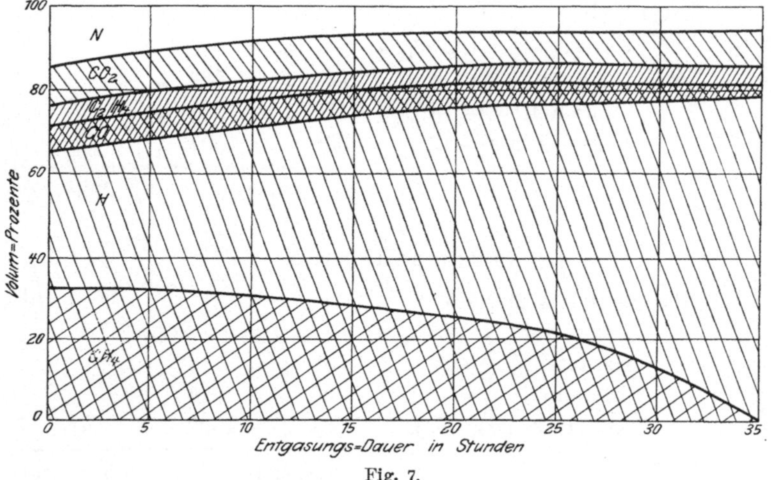

Fig. 7.

In dem Diagramm (Fig. 7) sind weiter die Veränderungen in der Zusammensetzung als Funktion der Zeitdauer der Entgasung dargestellt.

Bei verschiedenen Temperaturen entgast, wurden ferner beispielsweise an einer und derselben Steinkohle folgende Fraktionen beobachtet:

	Mittlere Entgasungstemperatur	
	$\sim 850^0$ C.	1150^0 C.
Gaswasser	8,2 $^0/_0$	8,2 $^0/_0$
Gasanteil	18,8 „	17,4 „
Teeranteil	7,3 „	9,6 „
Koksausbeute	65,7 „	64,8 „

Schließlich sei hier noch das Koksofengas erwähnt, welches auf den Kokereien als Nebenprodukt verbleibt und von hoher technischer Bedeutung ist.

Koksofengase haben durchschnittlich folgende Zusammensetzung:

$$
\begin{aligned}
CO_2 &\ldots\ldots\ldots\ldots & 2{,}5 \ \text{Vol.-Proz.} \\
CO &\ldots\ldots\ldots\ldots & 6{,}0 \quad „ \\
H &\ldots\ldots\ldots\ldots & 48{,}0 \quad „ \\
CH_4 &\ldots\ldots\ldots\ldots & 30{,}0 \quad „ \\
Cn\,Hm &\ldots\ldots\ldots\ldots & 1{,}5 \quad „ \\
O &\ldots\ldots\ldots\ldots & 1{,}0 \quad „ \\
N &\ldots\ldots\ldots\ldots & 10{,}0 \quad „
\end{aligned}
$$

Die Zusammensetzung schwankt natürlich außerordentlich, was in erster Linie mit der Art der verkokten Kohle zusammenhängt; dementsprechend ist auch die Menge und der Heizwert variabel.

7. Die Gasmengen und deren Zusammensetzung bei dem Vergasungs- und Entgasungs-Prozeß.

Von den bei der Gaserzeugung, sei es durch Vergasung oder auch Entgasung eines Brennstoffs, auftretenden Bestandteilen kommen hier folgende in Betracht:

1. Kohlenstoff C
2. Wasserstoff . . . . H_2
3. Sauerstoff . . . . O_2
4. Stickstoff . . . . N_2
5. Kohlenoxyd . . . . CO
6. Kohlendioxyd . . . . CO_2
7. Wasserdampf . . . . H_2O
8. Methan . . . . CH_4
9. Äthylen . . . . C_2H_4
10. Luft . . . .

Spuren von Schwefelwasserstoff, H_2S, Schwefeldioxyd, SO_2, und Dämpfe von Benzol usw. sind ihrer geringeren Menge wegen außer acht gelassen.

In den folgenden Tabellen sind die wichtigsten Konstanten übersichtlich zusammengestellt.

Dieselben enthalten sowohl für Gewichts-, als auch für Volum-Zusammensetzung entsprechende Werte, ferner Zahlen, deren Bedeutung erst in den folgenden Abschnitten klargelegt wird.

Tabelle
Konstanten für

	Name der Substanz		Kohlen-stoff C	Wasser-stoff H_2	Sauer-stoff O_2
1.	Molekulargewicht		12	2	32
2.	Volumen für 1 kg . . . . . cbm		—	11,235	0,699
	Zusammensetzung für 1 kg				
3.	Kohlenstoff . . . . . . kg		1,00	—	—
4.	Wasserstoff . . . . . „		—	1,00	—
5.	Sauerstoff . . . . . „		—	—	1,00
6.	Stickstoff . . . . „		—	—	—
	Zusammensetzung für 1 kg				
7.	Kohlenstoff . . . . $^0/_0$		100,0	—	—
8.	Wasserstoff . . . . „		—	100,0	—
9.	Sauerstoff . . . . . . „		—	—	100,0
10.	Stickstoff . . . . „		—	—	—
	Wärmewert für 1 kg				
11.	α) Verbrennungswärme . . cal		8080	34 166	—
12.	β) Heizwert . . . . . . „		80°0	28 766	—
13.	Verbrennungsgleichung		$C + O_2 =$ CO_2	$H_2 + O =$ H_2O	—
	Zur Verbrennung erfordern				
14.	α) Gasvolumen		—	2	—
15.	β) Sauerstoffvolumen		—	1	—
	und geben nach der Verbrennung				
16.	γ) Kohlendioxydvolumen. . . .		—	—	—
17.	δ) Wasservolumen		—	2	—
	Luftmenge zur Verbrennung von 1 kg				
18.	α) in kg		11,46	34,48	—
19.	β) in cbm		8,88	26,72	—
	Verbrennungsgas von 1 kg Substanz				
20.	α) in kg		12,46	35,48	—
21.	β) in cbm		8,88	32,33	—
	Verbrennungsgaszusammensetzung für 1 kg Substanz				
22.	α) Kohlendioxyd . . . . kg		3,66	—	—
23.	β) Wasser. . . . . . . „		—	9,00	—
24.	γ) Stickstoff . . . . . . „		8,80	26,48	—
25.	α) Kohlendioxyd . . . kg/$^0/_0$		29,4	—	—
26.	β) Wasser. . . . . . „		—	25,4	—
27.	γ) Stickstoff . . . . . „		70,6	74,6	—
28.	α) Kohlendioxyd . . . . cbm		1,86	—	—
29.	β) Wasser. . . . . . . „		—	11,22	—
30.	γ) Stickstoff . . . . . . „		7,02	21,11	—
31.	α) Kohlendioxyd . . . cbm/$^0/_0$		21,0	—	—
32.	β) Wasser. . . . . „		—	34,7	—
33.	γ) Stickstoff . . . . . „		79,0	65,3	—

Nr. I.

1 kg Substanz.

Stickstoff N_2	Kohlenoxyd CO	Kohlendioxyd CO_2	Wasserdampf H_2O	Methan CH_4	Äthylen C_2H_4	Luft
28	28	44	18	16	28	—
0,797	0,800	0,508	1,243	1,398	0,800	0,775
—	0,428	0,272	—	0,748	0,857	—
—	—	—	0,111	0,252	0,143	—
—	0,572	0,728	0,889	—	—	0,232
1,00	—	—	—	—	—	0,768
—	42,8	27,2	—	74,8	85,7	—
—	—	—	11,1	25,2	14,3	—
—	57,2	72,8	88,9	—	—	23,2
100,0	—	—	—	—	—	76,8
						—
—	2442	—	—	13 333	12 144	—
—	2442	—	—	11 983	11 364	—
—	$CO + O = CO_2$	—	—	$CH_4 + 2\,O_2 = CO_2 + 2\,H_2O$	$C_2H_4 + 3\,O_2 = 2\,CO_2 + 2\,H_2O$	—
—	2	—	—	2	2	—
—	1	—	—	4	6	—
—	2	—	—	2	4	—
—	—	—	—	4	4	—
—	2,46	—	—	17,23	14,78	—
—	1,91	—	—	13,35	11,45	—
—	3,46	—	—	18,23	15,78	—
—	2,31	—	—	14,75	12,25	—
—	1,57	—	—	2,75	3,17	—
—	—	—	—	2,25	1,30	—
—	1,89	—	—	13,23	11,31	—
—	45,4	—	—	15,1	20,1	—
—	—	—	—	12,3	8,2	—
—	54,6	—	—	72,6	71,7	—
—	0,80	—	—	1,40	1,60	—
—	—	—	—	2,80	1,60	—
—	1,51	—	—	10,55	9,05	—
—	34,6	—	—	9,6	13,1	—
—	—	—	—	18,9	13,1	—
—	65,4	—	—	71,5	73,8	—

Tabelle
Konstanten für

	Name der Substanz	Wasserstoff H_2	Sauerstoff O_2	Stickstoff N_2
1.	Molekulargewicht	2	32	28
2.	Gewicht für 1 cbm . . . . . kg	0,089	1,430	1,255
	Zusammensetzung für 1 cbm			
3.	Kohlenstoff . . . . . . kg	—	—	—
4.	Wasserstoff . . . . . . „	0,089	—	—
5.	Sauerstoff . . . . . . „	—	1,430	—
6.	Stickstoff . . . . „	—	—	1,255
	Zusammensetzung für 1 cbm			
7.	Kohlenstoff . . . . . . $^0/_0$	—	—	—
8.	Wasserstoff . . . . . . „	100,0	—	—
9.	Sauerstoff . . . . . . „	—	100,0	—
10.	Stickstoff. . . . . . . „	—	—	100,0
	Wärmewert für 1 cbm			
11.	α) Verbrennungswärme . . cal	3041	—	—
12.	β) Heizwert . . . . . . „	2561	—	—
13.	**Verbrennungsgleichung**	$H_2 + O =$ H_2O	—	—
	Zur Verbrennung erfordern			
14.	α) Gasvolumen	2	—	—
15.	β) Sauerstoffvolumen	1	—	—
	und geben nach der Verbrennung			
16.	γ) Kohlendioxydvolumen. . . .	—	—	—
17.	δ) Wasservolumen	2	—	—
	Luftmenge zur Verbrennung v. 1 cbm			
18.	α) in kg	3,07	—	—
19.	β) in cbm	2,38	—	—
	Verbrennungsgas v. 1 cbm Substanz			
20.	α) in kg	3,16	—	—
21.	β) in cbm	2,88	—	—
	Verbrennungsgaszusammensetzung für 1 cbm Substanz			
22.	α) Kohlendioxyd . . . . kg	—	—	—
23.	β) Wasser. . . . . . . „	0,80	—	—
24.	γ) Stickstoff . . . . . „	2,36	—	—
25.	α) Kohlendioxyd . . . kg/$^0/_0$	—	—	—
26.	β) Wasser. . . . . . „	25,4	—	—
27.	γ) Stickstoff . . . . . „	74,6	—	—
28.	α) Kohlendioxyd . . . . cbm	—	—	—
29.	β) Wasser. . . . . . . „	1,00	....	—
30.	γ) Stickstoff . . . . . . „	1,88	—	—
31.	α) Kohlendioxyd . . . cbm/$^0/_0$	—	—	—
32.	β) Wasser. . . . . . „	34,7	—	—
33.	γ) Stickstoff . . . . . „	65,3	—	—
34.	Spezifisches Gewicht, bez. auf Luft als 1	0,069	1,108	0,972

Nr. II.
1 cbm Substanz.

Kohlenoxyd CO	Kohlendioxyd CO_2	Wasserdampf H_2O	Methan CH_4	Äthylen C_2H_4	Luft
28	44	18	16	28	—
1,251	1,966	0,804	0,715	1,251	1,291
0,536	0,536	—	0,536	1,072	—
—	—	0,089	0,179	0,179	—
0,715	1,430	0,715	—	—	0,300
—	—	—	—	—	0,991
42,8	27,2	—	74,8	85,7	—
—	—	11,1	25,2	14,3	—
57,2	72,8	88,9	—	—	23,2
—	—	—	—	—	76,8
3055	—	—	9537	15 356	—
3055	—	—	8577	14 216	—
$CO + O = CO_2$	—	—	$CH_4 + 2O_2 = CO_2 + 2H_2O$	$C_2H_4 + 3O_2 = 2CO_2 + 2H_4O$	—
2	—	—	2	2	—
1	—	—	4	6	—
2	—	—	2	4	—
—	—	—	4	4	—
3,08	—	—	12,32	18,49	—
2,39	—	—	9,55	14,44	—
4,33	—	—	13,03	23,23	—
2,89	—	—	10,55	15,47	—
1,97	—	—	1,97	4,67	—
—	—	—	1,60	1,90	—
2,36	—	—	9,46	16,66	—
45,4	—	—	15,1	20,1	—
—	—	—	12,3	8,2	—
54,6	—	—	72,6	71,7	—
—	—	—	1,00	2,03	—
1,00	—	—	2,00	2,03	—
1,89	—	—	7,55	11,41	—
—	—	—	9,6	13,1	—
34,6	—	—	18,9	13,1	—
65,4	—	—	71,5	73,8	—
0.969	1,523	0,623	0,554	0,969	1,000

Schließlich sei im Anschluß an die Tabellen Nr. I und II hier noch vorweg eine Zusammenstellung von Formelbezeichnungen gegeben, welche für diesen und die kommenden Abschnitte zu benutzen ist.

Folgende Bezeichnungen werden benutzt:

L_k = Luftgewicht zur Verbrennung in Kilogramm, pro 1 kg Brennstoff oder 1 kg Gas;

L_v = Luftmenge zur Verbrennung in Kubikmeter, pro 1 kg Brennstoff oder 1 kg Gas;

Vg_k = Verbrennungsgasgewicht in Kilogramm, pro 1 kg Brennstoff oder 1 kg Gas;

Vg_v = Verbrennungsgasmenge in Kubikmeter, pro 1 kg Brennstoff oder 1 kg Gas;

Lk_{cbm} = Luftgewicht zur Verbrennung in Kilogramm, pro 1 cbm Gas;

Lv_{cbm} = Luftmenge zur Verbrennung in Kubikmeter, „ 1 „ „

Vgk_{cbm} = Verbrennungsgasgewicht in Kilogramm, „ 1 „ „

Vgv_{cbm} = Verbrennungsgasmenge in Kubikmeter, „ 1 „ „

Lu = Luftüberschuß in den Verbrennungsgasen in Prozent;

K_k = Kohlenstoffgehalt in Kilogramm, pro 1 kg Gas;

K_v = Kohlenstoffgehalt in Kilogramm, pro 1 cbm Gas;

K_{vt} = Kohlenstoffgehalt, bei der Temperatur t;

G_k = Brenngasmenge in Kilogramm, pro 1 kg Brennstoff;

G_v = Brenngasmenge in Kubikmeter, pro 1 cbm Brennstoff;

Hw_{kg} = Heizwert für 1 kg Substanz;

Hw_{cbm} = Heizwert für 1 cbm Substanz;

$\lambda_{kg}, \lambda_{cbm}$ = Gesamtwärme von Gasen, bestehend aus dem Heizwert und der Eigenwärme für 1 kg und 1 cbm.

Kennt man die elementare Zusammensetzung irgend eines Brennstoffes und wird derselbe durch atmosphärische Luft vergast, wobei nebenher eine Entgasung der bituminösen Substanz auftritt, so kann man, wenn die Zusammensetzung des resultierenden Gases ebenfalls ermittelt wird, einen Rückschluß auf die Menge der pro 1 kg Brennstoff erzeugten Gasmenge machen; es ist das Betreten eines experimentellen Weges, sei es beispielsweise durch Geschwindigkeitsmessung des Gases in einem Rohr usw. meist unmöglich, so daß der rechnerische Weg der Gasmengenermittlung beschritten werden muß.

Man geht bei dieser Berechnung von dem Kohlenstoffgehalt des Brennstoffs aus, welcher in Beziehung zu dem Kohlenstoffgehalt des gebildeten Gases gebracht wird. Die pro 1 kg Brennstoff erzeugte Gasmenge wird meist in Kubikmeter angegeben, welche gegebenenfalls bequem in Kilogramm umgerechnet werden kann, ein Verfahren, welches dann angewandt wird, wenn Wärmebilanzen, welche sich auf Gewichtsmengen beziehen, aufgestellt werden sollen.

In den Gasen CO, CO_2, CH_4 beträgt die Menge des Kohlenstoffs pro 1 cbm Gas nach Tabelle Nr. II 0,536 kg, während C_2H_4 die doppelte Menge, 1,072 kg enthält; der Einfachheit wegen wird man am besten die volumprozentige Menge Äthylen verdoppeln, um mit dem Faktor 0,536 für alle Fälle gemeinschaftlich rechnen zu können.

Dann bestimmt man die Kohlenstoffmenge K_v in Kilogramm, welche 1 cbm Generatorgas enthält und für die die Zusammensetzung — wie üblich — nach Volumen vorliegt, wie folgt:

$$K_v = \frac{(CO + CO_2 + CH_4 + 2\,C_2H_4)\,.\,0{,}536}{100}. \tag{1}$$

Diese Mengen beziehen sich auf normale Zustandsbedingungen des Gases, für andere Temperaturen sei hier auf Tabelle Nr. III verwiesen, welche Reduktionsfaktoren für Temperaturen von 0 bis $+1200^{0}$ und die wechselnden Gasgewichte γ pro 1 cbm sowie den wechselnden Kohlenstoffgehalt der Gase bei diesen Temperaturen enthält.

Setzt man den so gefundenen Kohlenstoffgehalt des Gases in Beziehung zu dem prozentual angegebenen Kohlenstoffgehalt des zur Gaserzeugung benutzten Brennstoffs $C\,.\,0{,}01$, so erhält man die pro 1 kg Brennstoff erzeugte Gasmenge G_v zu

$$G_v = \frac{C\,.\,0{,}01}{K_v}.$$

Oftmals ist es erwünscht, die Gasmenge eines Kilogramm Brennstoffs nicht in Kubikmetern, sondern in Kilogramm zu wissen.

Unter Benutzung der Tabelle Nr. I erfährt man z. B., daß das Gas CO 0,428 kg C enthält; mit diesem und den für andere Gase analogen Werten bekommt man die Kohlenstoffmenge des Generatorgases pro 1 kg Brennstoff ebenfalls in Kilogramm zu

$$K_k = \frac{0{,}428\;CO + 0{,}272\;CO_2 + 0{,}748\;CH_4 + 0{,}857\;C_2H_2}{100}. \tag{2}$$

Tabelle Nr. III.

Gasgewichte bei konstantem Druck und verschiedenen Temperaturen und Kohlenstoffgehalt der Gase CO, CO_2, CH_4, $2\,C_2H_4$ in Kilogramm pro 1 cbm.

t°	$1+\alpha t$	$\dfrac{1{,}000}{1+\alpha t}$	Wasserstoff H	Methan CH_4	Wasserdampf H_2O	Kohlenoxyd CO Äthylen C_2H_4	Stickstoff N	Sauerstoff O	Kohlendioxyd CO_2	Luft	Kohlenstoffgehalt d. Gase CO, CO_2, CH_4, $2\,C_2H_4$
			γ 1 cbm	γ 1 cbm	γ 1 cbm	γ 1 cbm	γ 1 cbm	γ 1 cbm	γ 1 cbm	γ 1 cbm	
0	1,000	1,000	0,089	0,715	0,804	1,251	1,255	1,430	1,966	1,291	0,536
100	1,367	0,731	065	523	588	0,914	0,917	1,045	437	0,944	392
150	550	645	057	461	519	807	809	0,922	268	833	346
200	734	576	051	412	463	721	723	824	132	744	309
250	1,917	0,521	0,046	0,373	0,419	0,651	0,654	0,745	1,024	0,673	0,279
300	2,101	476	042	340	383	595	597	681	0,936	615	255
350	284	438	039	313	352	548	550	626	861	565	235
400	468	405	036	290	326	507	508	579	796	523	217
450	651	381	033	272	306	478	478	545	749	492	204
500	2,835	0,353	0,031	0,252	0,284	0,442	0,443	0,505	0,694	0,456	0,189
550	3,018	331	029	237	266	414	415	473	651	427	177
600	202	312	028	223	251	390	392	446	613	403	167
650	385	295	026	211	237	369	370	422	580	381	158
700	569	280	025	200	225	350	351	400	550	361	150
750	752	0,266	0,024	0,190	0,214	0,333	0,334	0,380	0,523	0,343	0,143
800	3,936	254	023	182	204	318	319	363	499	328	136
850	4,119	243	022	174	196	304	305	347	478	314	130
900	303	232	021	166	187	290	291	332	456	300	124
950	486	223	020	159	179	279	280	319	438	288	120
1000	670	0,214	0,019	0,153	0,172	0,268	0,269	0,306	0,421	0,276	0,115
1050	4,853	206	018	147	166	258	259	295	405	266	110
1100	5,037	198	018	142	159	248	248	283	389	256	106
1150	220	191	017	136	154	240	239	273	376	247	103
1200	5,404	0,185	0,016	0,132	0,149	0,231	0,232	0,265	0,364	0,239	0,098

Hier muß man demnach die Volumzusammensetzung des Gases in Gewichtsprozent umrechnen, was unter Benutzung der Tabelle Nr. II, Zeile 2 geschehen kann.

Dann hat man die Gasmenge G_k in Kilogramm aus 1 kg Brennstoff zu

$$G_k = \frac{0{,}01 \cdot C}{K_k}.$$

Da man selten in der Lage ist, sämtlichen Kohlenstoff des Brennstoffes an der Vergasung partizipieren zu lassen, sondern ein gewisser Anteil beim Ausbringen der Rückstände unvergast entfernt wird, muß der Kohlenstoffgehalt des Brennstoffs um diesen Betrag verkürzt werden. Andererseits enthalten die Generatorgase Flugstaub, bestehend aus Kokspartikelchen und Ruß als fein zerteilter Kohlenwasserstoff, außerdem Teernebel, welche ebenfalls der Menge nach in 1 cbm oder 1 kg Generatorgas bekannt sein müssen und zu dem errechneten Kohlenstoffgehalt des Generatorgases K_v oder K_k addiert werden.

8. Der Wärmeinhalt von Generatorgasen und die Heizwerte derselben.

Aus den Tabellen Nr. I und II sind die Heizwerte der einzelnen Gasbestandteile ersichtlich und unter Heizwert ist hier wiederum der auf dampfförmiges Wasser (β in der Tabelle), unter Verbrennungswärme der auf Wasser von 0^0 (Fall α) bezogene Wert gemeint.

Sind nun Gasmengen und Zusammensetzung bekannt, liegt weiter eine Temperaturbestimmung vor, so bedarf es nur noch der Kenntnis der spezifischen Wärme, um den Wärmeinhalt des Gases berechnen zu können. Für die hier gedachten Verwendungszwecke kommt allein die spezifische Wärme bei konstantem Druck cp in Betracht; diese hat ihre Grundlage in der Substanzmenge 1 kg. Um also diese Zahl verwenden zu können, muß man alle Volumangaben wie Gaszusammensetzung und Gasmenge in Gewichtseinheiten umrechnen.

Zur Ableitung der mittleren spezifischen Wärme, für die hier in Betracht kommenden Fälle von 0^0 an gerechnet, wurden die Langenschen Werte benutzt.

Danach hat man für die spezifische Wärme bei konstantem Druck und für molekulare Mengen $[\mu\,cp]^t{}_0$ folgende Werte in Ansatz zu bringen:

$$[\mu c p]^t_0 \; H_2, O_2, CO, N_2 = 6,8 + 0,0006 \, t,$$
$$[\mu c p]^t_0 \quad\quad H_2 O \quad\quad = 7,9 + 0,00215 \, t,$$
$$[\mu c p]^t_0 \quad\quad CO_2 \quad\quad = 8,7 + 0,0026 \, t.$$

Ferner ist gesetzt worden für:

$$[\mu c p]^t_0 \quad\quad C H_4 \quad\quad = 7,7 + 0,008 \, t,$$
$$[\mu c p]^t_0 \quad\quad C_2 H_2 \quad\quad = 9,4 + 0,011 \, t.$$

Tabelle Nr. IV enthält, aus diesen Formeln abgeleitet, die mittleren spezifischen Wärmen für 1 kg Substanz $[c p]^t_0$ bei Temperaturen von 0^0 bis 1500^0 C.

Tabelle Nr. IV.

Mittlere spezifische Wärme $[c p]^t_0$.

t^0 C.	Wasser-stoff H_2	Sauerstoff O_2	Stickstoff, Kohlen-oxyd N_2, CO	Kohlen-dioxyd CO_2	Wasser-dampf H_2O	Methan CH_4	Äthylen C_2H_2	t^0 C.
0	3,4000	0,2125	0,2429	0,1977	0,4389	0,4812	0,3357	0
25	4075	2130	2434	1992	4418	4937	3455	25
50	4150	2134	2439	2007	4449	5062	3554	50
75	4225	2139	2445	2021	4478	5187	3652	75
100	3,4300	0,2144	0,2450	0,2036	0,4508	0,5312	0,3750	100
125	4375	2148	2455	2051	4538	5437	3848	125
150	4450	2153	2461	2066	4568	5562	3946	150
175	4525	2158	2466	2081	4598	5687	4045	175
200	3,4600	0,2162	0,2471	0,2095	0,4628	0,5812	0,4143	200
225	4675	2167	2477	2110	4658	5937	4241	225
250	4750	2172	2482	2125	4687	6062	4339	250
275	4825	2177	2487	2140	4717	6187	4437	275
300	3,4900	0,2181	0,2493	0,2154	0,4747	0,6312	0,4536	300
325	4975	2186	2498	2169	4777	6437	4634	325
350	5050	2191	2504	2184	4807	6562	4732	350
375	5125	2195	2509	2199	4837	6687	4830	375
400	3,5200	0,2200	0,2514	0,2213	0,4867	0,6812	0,4929	400
425	5275	2205	2520	2228	4897	6937	5027	425
450	5350	2209	2525	2243	4926	7062	5125	450
475	5425	2214	2530	2258	4956	7187	5223	475
500	3,5500	0,2219	0,2536	0,2272	0,4986	0,7312	0,5321	500
525	5575	2223	2541	2287	5016	7437	5420	525
550	5650	2228	2546	2302	5046	7562	5518	550
575	5725	2233	2552	2317	5076	7687	5616	575

t^0 C.	Wasserstoff H_2	Sauerstoff O_2	Stickstoff, Kohlenoxyd N_2, CO	Kohlendioxyd CO_2	Wasserdampf H_2O	Methan CH_4	Äthylen C_2H_2	t^0 C.
600	3,5800	0,2237	0,2557	0,2332	0,5106	0,7812	0,5714	600
625	5875	2242	2562	2346	5135	7937	5812	625
650	5950	2247	2568	2361	5165	8062	5911	650
675	6025	2252	2573	2376	5195	8187	6009	675
700	3,6100	0,2256	0,2579	0,2391	0,5225	0,8312	0,6107	700
725	6175	2261	2584	2405	5255	8437	6205	725
750	6250	2266	2589	2420	5285	8562	0,6304	750
775	6325	2270	2595	2435	5315	8687		775
800	3,6400	0,2275	0,2600	0,2450	0,5344	0,8812		800
825	6475	2280	2605	2464	5374	8937		825
850	6550	2284	2611	2479	5404	9062		850
875	6625	2289	2616	2494	5434	9187		875
900	3,6700	0,2294	0,2621	0,2509	0,5464	0,9312		900
925	6775	2298	2627	2523	5494	9437		925
950	6850	2303	2632	2538	5524	9562		950
975	6925	2308	2637	2553	5553	9687		975
1000	3,7000	0,2312	0,2643	0,2568	0,5583	0,9812		1000
1025	7075	2317	2648	2582	5613			1025
1050	7150	2322	2654	2597	5643			1050
1075	7225	2327	2659	2612	5673			1075
1100	3,7300	0,2331	0,2664	0,2627	0,5703			1100
1125	7375	2336	2670	2642	5733			1125
1150	7450	2341	2675	2656	5762			1150
1175	7525	2345	2680	2671	5792			1175
1200	3,7600	0,2350	0,2686	0,2686	0,5822			1200
1225	7675	2355	2691	2701	5852			1225
1250	7750	2359	2696	2715	5882			1250
1275	7852	2364	2702	2730	5912			1275
1300	3,7900	0,2369	0,2707	0,2745	0,5942			1300
1325	7975	2373	2712	2760	5972			1325
1350	8050	2378	2718	2774	6001			1350
1375	8125	2383	2723	2789	6031			1375
1400	3,8200	0,2387	0,2729	0,2804	0,6061			1400
1425	8275	2392	2734	2819	6091			1425
1450	8350	2397	2739	2833	6121			1450
1475	8425	2401	2745	2848	6151			1475
1500	3,8500	0,2406	0,2750	0,2863	0,6181			1500

Liegen keine direkten Ermittlungen des Heizwertes einer brennbaren Substanz im Kalorimeter vor, so erhält man auf Grund der bekannten Zusammensetzung annäherungsweise den Heizwert Hw_{kg} nach dem Ansatz

$$Hw_{kg} = \frac{8080\,C + 28766\left(H - \dfrac{O}{8}\right) + 2230\,S - 600\,H_2O}{100}. \qquad (3)$$

Hierbei ist selbstverständlich vorausgesetzt, daß die Zusammensetzung in Gewichtsprozent angegeben ist, ein Fall, der für feste und flüssige Brennstoffe immer zutrifft.

Andere Verhältnisse jedoch trifft man bei Brenngasen an; hier können die Heizwerte sowohl für 1 kg als auch für 1 cbm Substanz verlangt werden.

Liegt die Zusammensetzung in Gewichtsprozent vor, so erhält man den Heizwert Hw_{kg} für 1 kg Brenngas zu

$$Hw_{kg} = \frac{2442\,CO + 28766\,H + 11983\,CH_4 + 11364\,C_2H_4}{100}. \qquad (4)$$

Für 1 cbm Brenngas von 0^0 C. erhält man den Heizwert, wenn die Gaszusammensetzung in Volumprozent vorliegt, Hw_{cbm}, gemäß:

$$Hw_{cbm} = \frac{3055\,CO + 2561\,H + 8577\,CH_4 + 14216\,C_2H_4}{100}. \qquad (5)$$

Der Heizwert eines Gases bei anderen Temperaturen als 0^0 C. kann entweder durch Multiplikation mit dem Wert $\dfrac{1000}{1 + \alpha t}$ der Tabelle Nr. III erhalten werden, oder aber man setzt die entsprechenden Heizwerte pro 1 cbm Gas bei konstantem Druck und verschiedenen Temperaturen aus einer für diesen Zweck besonders berechneten Tabelle, hier der Tabelle Nr. V, ein.

(Siehe die Tabelle auf Seite 33.)

Neben dem Heizwert der brennbaren Gase bei anderen Temperaturen als 0^0 C. ist es oftmals notwendig, die Gesamtwärme λ zu wissen, welche einmal aus dem Heizwert und weiter aus der durch höhere Temperatur bedingten Eigenwärme zusammengesetzt ist.

Sowohl für die Kilogramm- als auch für die Kubikmeterwerte tritt dieser Fall ein; unter Benutzung der Zahlen aus den Tabellen

Nr. I und Nr. II, Zeile 12 und aus den Tabellen Nr. IV und V kann die Bestimmung der Gesamtwärme vorgenommen werden. Selbsverständlich würde sich die Gesamtwärme eines an sich nicht mehr brennbaren Gases, wie z. B. Kohlendioxyd, lediglich aus dem Wert der Eigenwärme $cp \cdot t^0$ C. zusammensetzen.

Tabelle Nr. V.

Heizwerte in cal pro 1 cbm Gas bei konstantem Druck und verschiedenen Temperaturen.

t^0	Wasserstoff H	Kohlenoxyd CO	Methan CH_4	Äthylen C_2H_4
0	2561	3055	8577	14216
100	1872	2233	6270	10392
150	1652	1970	5532	9169
200	1475	1760	4940	8188
250	1334	1592	4469	7407
300	1219	1454	4083	6767
350	1122	1338	3757	6227
400	1037	1237	3474	5767
450	976	1164	3268	5416
500	904	1078	3028	5018
550	848	1011	2839	4705
600	799	953	2676	4435
650	755	901	2530	4194
700	717	855	2402	3980
750	681	813	2281	3781
800	650	776	2179	
850	622	742	2084	
900	594	709	1990	
950	571	681	1913	
1000	548	654	1835	
1050	528	629		
1100	507	605		
1150	489	584		
1200	474	565		

Die Gesamtwärme λ_{kg} eines Gases für 1 kg, wenn die Zusammensetzung in Gewichtsprozent vorliegt, ist

$$\lambda_{kg} = \frac{\lambda CO + \lambda H + \lambda CH_4 + \lambda C_2H_4 + \lambda CO_2 + \lambda N + \lambda O}{100}.$$

Die Gesamtwärme λ_{cbm} eines Gases für 1 cbm, wenn die Zusammensetzung in Volumprozent vorliegt, ist ferner ebenfalls

$$\lambda_{cbm} = \frac{\lambda\,CO + \lambda\,H + \lambda\,CH_4 + \lambda\,C_2H_4 + \lambda\,CO_2 + \lambda\,N + \lambda\,O}{100}.$$

In beiden Formeln bedeuten wie früher CO, H usw. die in Gewichts- oder Volumprozent angegebenen Anteile des Gases.

9. Die Luft und Gasmengen bei der Verbrennung von Generatorgasen.

Die zur Verbrennung von Generatorgasen nötigen Luftmengen sowie die Art der resultierenden Verbrennungsprodukte lassen sich im Anschluß an die eingangs erwähnte Methode, wie folgt, bestimmen.

a) Verbrennungsluftmenge.

Kohlenstoff zu Kohlendioxyd. Gemäß der früheren Ausführung erhielt man die nötige Verbrennungsluftmenge zu 11,46 kg entsprechend 8,88 cbm.

Kohlenoxyd zu Kohlendioxyd. Gemäß der Gleichung $CO + O = CO_2$ hat man 28 und 16 = 1 : 0,57. 0,57 kg Sauerstoff sind äquivalent 2,46 kg = 1,91 cbm Luft.

Methan zu Kohlendioxyd und Wasser. Gemäß der Gleichung $CH_4 + 2O_2 = CO_2$ und $2H_2O$ erhält man 17,23 kg = 13,35 cbm Luft.

Äthylen zu Kohlendioxyd und Wasser. Gemäß der Gleichung $C_2H_4 + 3O_2 = 2CO_2 + 2H_2O$ erhält man 14,78 = 11,45 cbm Luft.

Wasserstoff zu Wasser. Gemäß der Gleichung $H_2 + O = H_2O$ erhält man 34,48 kg = 26,72 cbm Luft.

Liegt ein Generatorgas vor, welches seiner Zusammensetzung nach in Gewichtsprozent bekannt ist, so ist die nötige Verbrennungsluftmenge in Kilogramm L_k, welche zur vollständigen Oxydierung nötig ist:

$$L_k = \frac{2{,}46\ CO + 34{,}48\ H + 17{,}23\ CH_4 + 14{,}78\ C_2H_4}{100}, \tag{6}$$

ebenso in Kubikmeter L_v:

$$L_v = \frac{1{,}91\ CO + 26{,}72\ H + 13{,}35\ CH_4 + 11{,}45\ C_2H_4}{100}. \qquad (7)$$

Diese Formeln haben, was nochmals besonders erwähnt wird, nur Wert, wenn die Gaszusammensetzung in Gewichtsprozent vorliegt.

Ist diese Angabe, wie ursprünglich immer, in Volumprozent gegeben, so stellt sich der Luftbedarf zur vollständigen Verbrennung, wie folgt:

Verbrennungsluftmenge in Kilogramm Lk_{cbm}:

$$Lk_{cbm} = \frac{3{,}08\ CO + 3{,}07\ H + 12{,}32\ CH_4 + 18{,}49\ C_2H_4}{100} \qquad (8)$$

und Verbrennungsluftmenge in Kubikmeter Lv_{cbm}:

$$Lv_{cbm} = \frac{2{,}39\ CO + 2{,}38\ H + 9{,}55\ CH_4 + 14{,}44\ C_2H_4}{100}. \qquad (9)$$

b) Verbrennungsproduktmenge.

Die Verbrennungsgasmenge erhält man, wie a. a. O. nachgewiesen, in Kilogramm, wenn man zur berechneten Luftmenge 1 hinzufügt, da es sich ja immer um die Produkte der Verbrennung von 1 kg Substanz handelt.

Man erhält demnach für:

$$
\begin{aligned}
C + O_2 &= CO_2 &&= 12{,}46 \text{ kg,}\\
CO + O &= CO_2 &&= 3{,}46 \text{ „}\\
CH_4 + 2\,O_2 &= CO_2 + 2\,H_2O &&= 18{,}23 \text{ „}\\
C_2H_4 + 3\,O_2 &= 2\,CO_2 + 2\,H_2O &&= 15{,}78 \text{ „}\\
H_2 + O &= H_2O &&= 35{,}48 \text{ „}
\end{aligned}
$$

Will man die Verbrennungsgasmenge in Kubikmeter haben, so müssen die etwa eintretenden Volumkontraktionen in Rechnung gesetzt werden.

Man erhält dann:

$$
\begin{aligned}
C + O_2 &= CO_2 &&= 8{,}88 \text{ cbm,}\\
CO + O &= CO_2 &&= 2{,}31 \text{ „}\\
CH_4 + 2\,O_2 &= CO_2 + 2\,H_2O &&= 14{,}75 \text{ „}\\
C_2H_4 + 3\,O_2 &= 2\,CO_2 + 2\,H_2O &&= 12{,}25 \text{ „}\\
H_2 + O &= H_2O &&= 32{,}33 \text{ „}
\end{aligned}
$$

Hat man also ein Generatorgas, welches seiner Zusammensetzung nach in Gewichtsprozent vorliegt, so erhält man die bei Verbrennung mit dem theoretischen Luftquantum sich bildende Gasmenge in Kilogramm Vg_k zu

$$Vg_k = \frac{3{,}46\,CO + 35{,}48\,H + 18{,}23\,CH_4 + 15{,}78\,C_2H_4 + CO_2 + N}{100} \qquad (10)$$

und in Kubikmeter Vg_v:

$$Vg_v = \frac{2{,}31\,CO + 32{,}33\,H + 14{,}75\,CH_4 + 12{,}25\,C_2H_4 + 0{,}508\,CO_2 + 0{,}797\,N}{100}. \qquad (11)$$

Bildet man die Ansätze für ein Gas, welches nach Volumprozent bekannt ist, so erhält man die resultierenden Verbrennungsgasmengen, falls die Angabe in Kilogramm $Vg_{k\,cbm}$ nötig wird, zu

$$Vg_{k\,cbm} = \frac{4{,}33\,CO + 3{,}16\,H + 13{,}03\,CH_4 + 23{,}23\,C_2H_4 + 1{,}966\,CO_2 + 1{,}255\,N}{100} \qquad (12)$$

und in Kubikmeter $Vg_{v\,cbm}$ zu

$$Vg_{v\,cbm} = \frac{2{,}89\,CO + 2{,}88\,H + 10{,}55\,CH_4 + 15{,}47\,C_2H_4 + CO_2 + N}{100}. \qquad (13)$$

10. Die Zusammensetzung der Verbrennungsgasmenge unter Berücksichtigung des Luftüberschusses.

Die aus den erwähnten Formeln abgeleiteten Luft- resp. Gasmengen stellen die theoretisch notwendigen Quanten dar. Nun wird aber jeder Verbrennungsprozeß mit mehr oder minder hiervon abweichenden Mengen durchgeführt, wobei dann sowohl die zur Verbrennung zugeführte Luftmenge als auch das Verbrennungsprodukt zu größeren Mengen anwachsen; dasjenige Quantum Luft nun, welches überschüssig verwandt ist, wird als Luftüberschuß Lu_v im Vielfachen der theoretisch notwendigen Menge angegeben.

Die Erkenntnis dieser Mengen ist sowohl zur Kontrolle als auch bei der Durchführung von Berechnungen der Wärmebilanzen von Untersuchungen notwendig.

Der Luftüberschuß läßt sich aus der Zusammensetzung des resultierenden Verbrennungsgases ableiten; die eigentlichen Verbrennungsgasbildner, Kohlenstoff und Wasserstoff, oxydieren bei vollkommener Verbrennung zu Kohlendioxyd und Wasserdampf, während der Stickstoff, der Sauerstoff und das hygroskopische Wasser in ihrer ursprünglichen Form in den Verbrennungsgasen vorhanden sind. Da nun der Wasserdampf bei den Temperaturen, unter welchen die Verbrennungsgase analysiert werden, kondensiert, und da ferner der Stickstoff seiner äußerst geringen chemischen Affinität wegen laufend direkt nicht bestimmt werden kann, muß man von einer vollständigen Analyse absehen und ermittelt deshalb das Kohlendioxyd oder den freien und infolgedessen überschüssigen Sauerstoff Lu bei an sich vollkommener Verbrennung.

Zur Ableitung des Luftüberschußkoeffizienten dienen folgende Ansätze:

$$Lu = \frac{CO_{2max}}{Vg_{co_2}}, \tag{14}$$

$$Lu = \frac{CO_{2m}}{Vg_{co_2}},$$

$$Lu = \frac{21}{21 - Vg_o}, \tag{15}$$

$$Lu = \frac{21}{21 - 79\frac{O}{N}}.$$

Hier bedeutet CO_{2max} die bei theoretischer Verbrennung sich bildende CO_2, welche von der Art des Brennstoffs abhängt; CO_{2m} ist der gleiche Wert, jedoch gemittelt für eine gewisse Sorte von Brennstoffen; Vg_{co_2} und Vg_o der in den Verbrennungsgasen enthaltene Anteil an Kohlendioxyd und Sauerstoff; O und N sind ebenfalls im Volumprozent angegebene Mengen Sauerstoff und Stickstoff in den Verbrennungsgasen.

Allen Anforderungen an Genauigkeit und Einfachheit, d. h. also die Unnötigkeit der Erkenntnis der jeweiligen Brennstoffzusammensetzung, entspricht Formel (15), für welche in Tabelle Nr. VI die dem vorhandenen Sauerstoffgehalt der Verbrennungsgase entsprechende überschüssige Luftmenge Lu in Prozent zu entnehmen ist.

Hierbei wird vorausgesetzt, daß eine nennenswerte unvollkommene Verbrennung nicht nebenhergeht.

Tabelle VI.

Luftüberschußmenge aus dem Sauerstoffgehalt der Verbrennungsgase in Prozent.

$$Lu_v = \frac{21}{21 - Vg_o}.$$

Sauerstoff $^o/_o$	,0	,1	,2	,3	,4	,5	,6	,7	,8	,9
3	117	117	118	119	119	120	121	121	122	123
4	124	124	125	126	126	127	127	128	129	130
5	131	132	133	134	134	135	136	137	138	139
6	140	141	142	143	144	145	146	147	148	149
7	150	151	152	153	154	156	157	158	159	160
8	162	163	164	165	167	168	169	171	172	174
9	175	177	178	179	181	182	184	186	188	190
10	191	193	194	196	198	200	202	204	206	208
11	210	213	214	216	219	221	223	226	228	231
12	233	236	239	241	244	247	250	253	256	259
13	262	266	269	273	276	280	284	288	292	296
14	300									

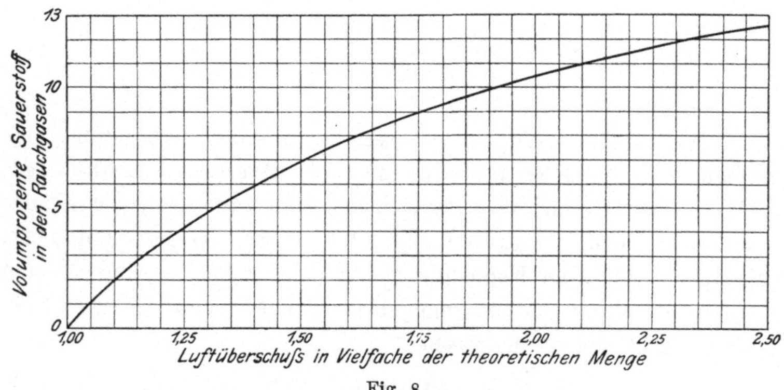

Fig. 8.

Fig. 8 zeigt den Zusammenhang zwischen freiem Sauerstoff in den Verbrennungsgasen und dem Luftüberschuß in einem Diagramm.

Über den Wert der einzelnen Formeln läßt sich folgendes sagen. Verwendung finden z. B. drei in ihrer Zusammensetzung grundverschiedene Brennstoffe, und zwar

Nr. 1 eine Braunkohle aus dem Pilsener Becken,
  „ 2 eine Steinkohle aus dem oberschlesischen Zentralrevier,
  „ 3 ein Koks aus dem rheinisch-westfälischen Gebiet.

Nr.	1		2		3	
C . . . . $^0/_0$	54,4		74,6		84,2	
H . . . . „	4,2		4,8		0,4	
S . . . . „	0,3		1,1		1,5	
H_2O . . . . . . „	18,1		1,5		1,6	
Rückstände . . . . „	5,1		8,2		10,6	
O . . . . „	16,8		8,4		1,7	
N . . . . „	1,1		1,4		0,0	
$\left(H-\dfrac{O}{8}\right)$ . . . . . „	2,1		3,8		0,2	
L_v . . . . cbm	5.39		7,64		7,52	
$Vg_v\ CO_2$	1,01	18,3 $^0/_0$	1,39	17,7 $^0/_0$	1,57	20,8 $^0/_0$
H_2O . . . . „	0,23	4,2 „	0,42	5,4 „	0,02	0,3 „
N . . . . „	4,27	77,5 „	6,04	76,9 „	5,95	78,9 „
Σ . . . . „	5,51		7,85		7,54	

Da nun sämtliche Gasanalysen bei Temperaturen gemacht
werden, welche ein Kondensieren des Wasserdampfes mit sich
bringen, muß man die Zusammensetzung von Vg_v so umrechnen,
daß kein Wasser in demselben enthalten ist. Zugleich sei angenommen, daß in den Verbrennungsgasen 200 $^0/_0$ überschüssige Luftmenge vorhanden ist. Prüft man weiter die einzelnen Lu-Formeln,
so erhält man folgendes:

(Siehe die Tabelle auf S. 40.)

Die Einfachheit der Formel (15) und Tabelle Nr. VI ist hier
ohne weiteres erkennbar.

Bei Generator und Gichtgasen empfiehlt es sich, die Luft-
überschuß-Ermittlung wegen der von den festen Brennstoffen vollständig abweichenden Zusammensetzung nach der Formel (14) vorzunehmen.

Für die Formel:

$$Lu = \frac{CO_{2\,m}}{Vg\,co_2}$$

lassen sich folgende Mittelwerte CO_{2m} angeben:

$$\text{Anthrazit und Steinkohle} \dots \text{ca. } 19{,}0\,\%.$$
$$\text{Koks} \dots \text{„ } 20{,}4 \text{ „}$$
$$\text{Braunkohle} \dots \text{„ } 19{,}2 \text{ „}$$
$$\text{Torf} \dots \text{„ } 19{,}7 \text{ „}$$
$$\text{Holz} \dots \text{„ } 20{,}5 \text{ „}$$

Desgleichen lassen sich analoge Werte für Generatorgase oder flüssige Brennstoffe bekannter, mittlerer Zusammensetzung errechnen und ebenso verwenden wie die oben angegebenen Ziffern für feste, brennbare Körper.

Nr.	1		2		3	
Vg_v ohne $\Big\}\ CO_2$ . . cbm	1,01	**19,1 %**	1,39	**18,7 %**	1,57	**20,9 %**
H_2O $\Big\}\ N$ . . . „	4,27	80,9 „	6,04	81,3 „	5,95	79,1 „
Σ . . . . „	5,28		7,43		7,52	
$Vg_v + Lu = \big\}\ CO_2$. cbm	1,01	9,4 %	1,39	9,2 %	1,57	10,4 %
$200\,\%$ $\big\}\ O$. „	1,13	10,6 „	1,60	10,6 „	1,58	10,5 „
N . „	8,53	80,0 „	12,08	80,2 „	11,89	79,1 „
Σ . . . . „	10,67		15,07		15,04	
Lu nach $\dfrac{CO_{2\,max}}{Vg_{co_2}}$ . . .	203		203		200	
„ „ $\dfrac{CO_{2m}}{Vg_{co_2}} = 19{,}6$.	208		213		188	
„ „ $\dfrac{21}{21 - Vg_o}$ . . .	202		202		200	
„ „ $\dfrac{21}{21 - 79\,\frac{O}{N}}$ . . .	199		199		199	

B. Wärmeerzeugung durch direkte Verbrennung.

Die Art der Wärmeerzeugung, bei welcher der Brennstoff direkt zu den Endprodukten der Oxydation, Kohlendioxyd und Wasserdampf, übergeführt wird, ist die in den Dampferzeugungsbetrieben am meisten zur Anwendung kommende. Während man im ersten Fall die Wärmeentbindungsorte, die Generatoren, von den Verbrennungsorten, z. B. einem Gasmotor, räumlich getrennt fand, hat man in der direkten Feuerungsanlage Wärmeentbindung, Verbrennung und Wärmeaufnahme, z. B. durch eine Dampfkessel-Heizfläche, beisammen und laufen die einzelnen Phasen des Prozesses nicht getrennt, sondern gehen nebeneinander her. Die hierzu gehörigen Reaktionen sind in den Abschnitten Nr. 11—12 angeführt.

11. Der direkte Verbrennungsprozeß und die Luft- und Verbrennungsgasmenge.

Wie im ersten Fall gibt auch hier der in der atmosphärischen Luft vorhandene Sauerstoff das Oxydationsmittel ab; als wärmegebende Substanzen der Brennstoffe kommen in Betracht:

Verbrennungswärme
pro 1 kg

der Kohlenstoff C . . . . 8080 cal

der Wasserstoff H . . . . 34166 „

der verbrennliche Anteil des Schwefels S . . 2230 „;

jedoch kommt nur jener Anteil von Wasserstoff zur Wärmeentwicklung in Frage, welcher nach Bindung sämtlichen Sauerstoffs gemäß der Zusammensetzung des Wassers (H_2O) als Reaktionsprodukt verbleibt und als disponibler Wasserstoff ($H - O/8$) in Rechnung gesetzt wird.

Wie schon früher erwähnt, kann der aus der Verbrennung des Wasserstoffs resultierende Wasserdampf nun entweder zu flüssigem Wasser kondensieren oder dampfförmig verbleiben. Beim Kondensieren jedoch gibt derselbe bekanntlich seine latente Verdampfungswärme mit ab, während im dampfförmigen Zustand letztere gebunden bleibt.

Man erhält dann die in Tabelle Nr. I angegebenen Werte für den Wasserstoff.

Sämtliche Heizwertbestimmungen werden nur unter Verhältnissen ausgeführt, bei welchen der aus der Verbrennung resultierende Wasserdampf zu flüssigem Wasser kondensiert wird. Da nun aber der Wasserdampf in den Feuerungsanlagen gasförmig entweicht, gibt man analog diesem Vorgang den Heizwert eines Brennstoffs nicht mit Bezug auf flüssiges, sondern, wie schon früher erwähnt, auf gasförmiges Wasser an und zwar zieht man für jedes Kilogramm Verbrennungswasser 600 cal ab.

Demgemäß berechnet sich aus den einzelnen Komponenten eines Brennstoffs sein Heizwert nach der schon erwähnten Formel (3):

$$\frac{8080\, C + 28766\left(H - \dfrac{O}{8}\right) + 2230\, S - 600\, H_2O}{100},$$

wenn mit H_2O das hygroskopische Wasser des Brennstoffs bezeichnet wird.

Daß diese Formel nur eine Annäherung bedeutet und die hieraus errechneten Zahlen mit den kalorimetrisch ermittelten Werten oftmals nicht übereinstimmen, ist bekannt.

Neben der Auswertung des Wärmewertes eines Brennstoffes in cal gibt man auch als Wertziffer die Anzahl der pro 1 kg desselben verdampften Wassermenge.

Man bezieht diese Zahl auf einheitliche Bedingungen, und zwar nimmt man die Temperatur des Wassers zu 0^0 C. und die Wärmemenge des erzeugten Dampfes entsprechend der Spannung von 1 kg pro Quadratzentimeter Überdruck zu 639,3 cal an. Diese Verhältnisse trifft man natürlich in den Betrieben nie vor und muß deshalb ein erhaltenes Resultat auf die soeben erwähnten Normalbedingungen umgerechnet werden.

Bezeichnet man mit V_B die erhaltene Betriebsverdampfungsziffer (Kilogramm Wasser pro 1 kg Brennstoff), mit V_C die korrigierte Verdampfungsziffer, mit Fl_w die Flüssigkeitswärme des zugeführten Speisewassers pro Kilogramm, mit q die Gesamtwärme des Betriebsdampfes pro Kilogramm und mit 639,3 die totale Erzeugungswärme des normalen Dampfes, so erhält man die korrigierte Verdampfungsziffer nach Formel (16) zu

$$V_C = \frac{V_B \cdot (q - Fl_w)}{639,3} . \tag{16}$$

Bei der Berechnung der Luftmengen, welche zur vollkommenen Verbrennung nötig sind, ist die Zusammensetzung derselben den in den Tabellen Nr. I und II enthaltenen Werten entnommen. Es ist, wie vorher, der immer vorhandene Wasserdampf nicht berücksichtigt und muß in besonderen Fällen zu den Kilogramm- oder Kubikmeter-Werten noch addiert werden; meist jedoch wird die Vernachlässigung dieser Berechnung keinen Fehler bedeuten, weil die Genauigkeit der Messungen dieses von selbst verbietet. Ein ähnlicher Weg ist für den in festen Brennstoffen immer vorhandenen Schwefel eingeschlagen worden; abgesehen davon, daß das resultierende Verbrennungsprodukt Schwefeldioxyd in Verbrennungsgasen nie und in Generatorgasen sehr selten bestimmt wird, ist auch über den Verbleib desselben, also des Anteils „verbrennlichen Schwefels" oftmals keine präzise Antwort vorhanden und bei der Kleinheit der Menge auch ohne wesentliche Bedeutung.

Für die direkte Verbrennung von 1 kg Brennstoff, dessen Zusammensetzung in bekannter Weise in Gewichtsprozente angegeben ist, benötigt man Luft in Kilogramm L_k und in Kubikmeter L_v.

$$L_k = \frac{11{,}46\,C + 34{,}48\left(H - \dfrac{O}{8}\right)}{100}. \tag{17}$$

$$L_v = \frac{8{,}88\,C + 26{,}72\left(H - \dfrac{O}{8}\right)}{100}. \tag{18}$$

Bei der direkten Verbrennung resultieren dann Verbrennungsgase in Kilogramm Vg_k oder in Kubikmeter Vg_v.

$$Vg_k = \frac{12{,}46\,C + 35{,}48\left(H - \dfrac{O}{8}\right)}{100} + \frac{H_2O + N + {}^{9}/_{8}\,O}{100}. \tag{19}$$

$$Vg_v = \frac{8{,}88\,C + 32{,}33\left(H - \dfrac{O}{8}\right)}{100} + \frac{1{,}243\,H_2O + 0{,}797\,N + 1{,}430\,{}^{9}/_{8}\,O}{100}. \tag{20}$$

In Tabelle Nr. VII sind die der Formel 17 und 18 entsprechenden Mengen Luft für einen Kohlenstoffgehalt von 45—55 und 60—85 % enthalten, und zwar fortschreitend nach 0,2 %. Tabelle Nr. VIII enthält die zur Verbrennung des disponiblen Wasserstoffs benötigte Luftmenge in Kilogramm und Kubikmeter, und zwar für $H - O/8$ 0,4—0,9 und 1,8—4,2, hier nach 0,02 % fortschreitend. Die Verbrennungsgasmengen, welche nach der Verbrennung resultieren, bestehen einmal aus CO_2 und N, sowie ferner aus H_2O und N; die Werte hierfür sind mit Anlehnung an die erwähnten Genauigkeitsgrenzen in den Tabellen IX—XII enthalten.

Die geringen Gasmengen, welche aus dem hygroskopischen Wasser des Brennstoffs und dem Stickstoff, sowie aus dem Sauerstoff herrühren, müssen hinzuaddiert werden, falls nennenswerte Beträge hierfür vorliegen und die Genauigkeit des Versuches dieses erfordert.

Selbstverständlich enthalten die Tabellen nur theoretische Mengen, welche praktisch um den jeweiligen Betrag des Luftüberschusses Lu vergrößert werden müssen.

Auch sollen sich die Werte für $C + H$ in praktischen Fällen nicht allein auf den aus der Analyse des Brennstoffs ermittelten Ziffern, sondern, wie schon früher erwähnt, auf die um die Verluste beim Verbrennungsprozeß rektizifierten Daten beziehen.

(Fortsetzung des Textes auf S. 50.)

Tabelle Nr. VII.
Luftmenge für Verbrennung des Kohlenstoffs.

$$L_k = \frac{11{,}46\,C}{100}. \qquad\qquad L_v = \frac{8{,}88\,C}{100}.$$

C %%	kg ,0	kg ,2	kg ,4	kg ,6	kg ,6	C %%	cbm ,0	cbm ,2	cbm ,4	cbm ,6	cbm ,8
45	5,16	5,18	5,20	5,23	5,25	45	4,00	4,01	4,03	4,05	4,07
46	5,27	5,29	5,32	5,34	5,37	46	4,08	4,10	4,12	4,14	4,16
47	5,39	5,41	5,43	5,46	5,48	47	4,17	4,19	4,21	4,23	4,24
48	5,50	5,52	5,55	5,57	5,60	48	4,26	4,28	4,30	4,32	4,33
49	5,62	5,64	5,66	5,69	5,71	49	4,35	4,37	4,39	4,40	4,42
50	5,73	5,75	5,78	5,80	5,82	50	4,44	4,46	4,48	4,49	4,51
51	5,84	5,86	5,89	5,91	5,94	51	4,53	4,55	4,56	4,58	4,60
52	5,96	5,98	6,00	6,03	6,05	52	4,62	4,64	4,65	4,67	4,69
53	6,07	6,09	6,12	6,14	6,17	53	4,71	4,72	4,74	4,76	4,78
54	6,19	6,21	6,24	6,26	6,28	54	4,80	4,81	4,83	4,85	4,87
55	6,30	6,32	6,35	6,37	6,40	55	4,88	4,90	4,92	4,94	4,95
60	6,88	6,91	6,93	6,95	6,97	60	5,32	5,35	5,36	5,38	5,40
61	6,99	7,02	7,04	7,07	7,09	61	5,42	5,43	5,45	5,47	5,49
62	7,11	7,13	7,16	7,18	7,20	62	5,51	5,52	5,54	5,56	5,58
63	7,22	7,24	7,26	7,28	7,31	63	5,59	5,61	5,63	5,65	5,67
64	7,33	7,35	7,38	7,40	7,43	64	5,68	5,70	5,72	5,74	5,75
65	7,45	7,47	7,49	7,51	7,53	65	5,77	5,79	5,81	5,82	5,84
66	7,56	7,59	7,61	7,64	7,66	66	5,86	5,88	5,90	5,91	5,93
67	7,68	7,70	7,73	7,75	7,77	67	5,95	5,97	5,99	6,00	6,02
68	7,79	7,81	7,84	7,86	7,89	68	6,04	6,06	6,07	6,09	6,11
69	7,91	7,93	7,96	7,98	8,00	69	6,13	6,14	6,16	6,18	6,20
70	8,02	8,05	8.07	8,10	8,12	70	6,22	6,23	6,25	6,27	6,29
71	8,14	8,16	8,19	8,21	8,23	71	6,30	6,32	6,34	6,36	6,38
72	8,25	8,27	8,30	8,32	8,35	72	6,39	6,41	6,43	6,45	6,46
73	8,37	8,39	8,42	8,44	8,46	73	6,48	6,50	6,52	6,54	6,55
74	8,48	8,51	8,53	8,56	8,58	74	6,57	6,59	6,61	6,62	6,64
75	8,60	8,62	8,65	8,67	8,69	75	6,66	6,68	6,70	6,71	6,73
76	8,71	8,74	8,76	8,79	8,81	76	6,75	6,77	6,78	6,80	6,82
77	8,83	8,86	8,88	8,90	8,92	77	6,84	6,86	6,87	6,89	6,91
78	8,94	8,97	8,99	9,02	9,04	78	6,93	6,94	6,96	6,98	7,00
79	9,06	9,08	9,11	9,13	9,15	79	7,02	7,03	7,05	7,07	7,09
80	9,17	9,20	9,22	9,25	9,27	80	7,10	7,12	7,14	7,16	7,17
81	9,29	9,31	9,33	9,35	9,38	81	7,19	7,21	7,23	7,25	7,26
82	9,40	9,43	9,45	9,48	9,50	82	7,28	7,30	7,32	7,33	7,35
83	9,52	9,54	9,57	9,59	9,61	83	7,37	7,39	7,41	7,42	7,44
84	9,63	9,66	9,68	9,70	9,72	84	7,46	7,48	7,49	7,51	7,53
85	9,74					85	7,55				

Tabelle Nr. VIII.

Luftmenge für Verbrennung des Wasserstoffs.

$$L_k = \frac{34{,}48\left(H - \frac{O}{8}\right)}{100}. \qquad\qquad L_v = \frac{26{,}72\left(H - \frac{O}{8}\right)}{100}.$$

$\left(H-\dfrac{O}{8}\right)$	kg	kg	kg	kg	kg	$\left(H-\dfrac{O}{8}\right)$	cbm	cbm	cbm	cbm	cbm
%	,00	,02	,04	,06	,08	%	,00	,02	,04	,06	,08
0,4	0,14	0,14	0,15	0,16	0,16	0,4	0,11	0,11	0,12	0,12	0,13
0,5	0,17	0,18	0,19	0,19	0,20	0,5	0,14	0,14	0,15	0,15	0,16
0,6	0,21	0,21	0,22	0,22	0,23	0,6	0,16	0,17	0,17	0,18	0,18
0,7	0,24	0,25	0,26	0,26	0,27	0,7	0,19	0,19	0,20	0,20	0,21
0,8	0,28	0,28	0,29	0,30	0,30	0,8	0,21	0,22	0,22	0,23	0,23
0,9	0,31	0,32	0,32	0,33	0,34	0,9	0,24	0,24	0,25	0,25	0,26
1,8	0,62	0,63	0,64	0,64	0,65	1,8	0,48	0,48	0,49	0,49	0,50
1,9	0,66	0,66	0,67	0,67	0,68	1,9	0,50	0,51	0,51	0,52	0,52
2,0	0,69	0,69	0,70	0,70	0,71	2,0	0,53	0,53	0,54	0,55	0,55
2,1	0,72	0,73	0,74	0,74	0,75	2,1	0,56	0,56	0,57	0,57	0,58
2,2	0,76	0,76	0,77	0,77	0,78	2,2	0,58	0,59	0,59	0,60	0,61
2,3	0,79	0,80	0,80	0,81	0,82	2,3	0,61	0,61	0,62	0,62	0,63
2,4	0,83	0,83	0,84	0,84	0,85	2,4	0,63	0,64	0,64	0,65	0,65
2,5	0,86	0,86	0,87	0,87	0,88	2,5	0,66	0,66	0,67	0,68	0,68
2,6	0,89	0,90	0,90	0,91	0,92	2,6	0,69	0,69	0,70	0,70	0,71
2,7	0,93	0,93	0,94	0,94	0,95	2,7	0,71	0,72	0,72	0,73	0,73
2,8	0,96	0,97	0,97	0,98	0,99	2,8	0,74	0,74	0,75	0,75	0,76
2,9	1,00	1,00	1,01	1,01	1,02	2,9	0,77	0,77	0,78	0,78	0,79
3,0	1,03	1,03	1,04	1,04	1,05	3,0	0,80	0,81	0,81	0,82	0,82
3,1	1,06	1,07	1,07	1,08	1,09	3,1	0,83	0,83	0,84	0,84	0,85
3,2	1,10	1,10	1,11	1,11	1,12	3,2	0,85	0,85	0,86	0,87	0,87
3,3	1,13	1,14	1,14	1,15	1,16	3,3	0,88	0,88	0,89	0,89	0,90
3,4	1,17	1,17	1,18	1,18	1,19	3,4	0,90	0,90	0,91	0,92	0,92
3,5	1,20	1,20	1,21	1,21	1,22	3,5	0,93	0,93	0,94	0,95	0,95
3,6	1,23	1,24	1,24	1,25	1,26	3,6	0,96	0,97	0,97	0,98	0,98
3,7	1,27	1,27	1,28	1,28	1,29	3,7	0,99	0,99	1,00	1,00	1,01
3,8	1,30	1,31	1,31	1,32	1,33	3,8	1,02	1,02	1,03	1,03	1,04
3,9	1,34	1,35	1,35	1,36	1,37	3,9	1,04	1,05	1,05	1,06	1,06
4,0	1,38	1,38	1,39	1,39	1,40	4,0	1,07	1,07	1,08	1,09	1,09
4,1	1,41	1,42	1,42	1,43	1,44	4,1	1,10	1,10	1,11	1,11	1,12
4,2	1,45					4,2	1,12				

Tabelle Nr. IX.
Kohlenstoff-Verbrennungsgasmenge in Kilogramm.

$$Vg_k = \frac{12{,}46\,C}{100}.$$

C %/$_0$	,0			,2			,4			,6			,8		
	CO_2	N	Σ	CO_2	N	Σ	CO_2	N	Σ	CO_2	N	Σ	CO_2	N	Σ
45	1,65	3,96	5,61	1,66	3,97	5,63	1,66	4,00	5,66	1,67	4,01	5,68	1,68	4,03	5,71
46	1,68	4,05	5,73	1,69	4,07	5,76	1,70	4,08	5,78	1,71	4,10	5,81	1,71	4,12	5,83
47	1,72	4,14	5,86	1,73	4,15	5,88	1,74	4,17	5,91	1,74	4,19	5,93	1,75	4,21	5,96
48	1,76	4,22	5,98	1,77	4,24	6,01	1,77	4,26	6,03	1,78	4,28	6,06	1,79	4,29	6,08
49	1,80	4,31	6,11	1,80	4,33	6,13	1,81	4,35	6,16	1,82	4,36	6,18	1,83	4,38	6,21
50	1,83	4,40	6,23	1,84	4,41	6,25	1,85	4,43	6,28	1,85	4,45	6,30	1,86	4,47	6,33
51	1,87	4,48	6,35	1,88	4,50	6,38	1,88	4,52	6,40	1,89	4,54	6,43	1,90	4,55	6,45
52	1,91	4,57	6,48	1,91	4,59	6,50	1,92	4,61	6,53	1,93	4,62	6,55	1,93	4,65	6,58
53	1,94	4,66	6,60	1,95	4,68	6,63	1,96	4,69	6,65	1,96	4,72	6,68	1,97	4,73	6,70
54	1,98	4,74	6,72	1,98	4,77	6,75	1,99	4,79	6,78	2,00	4,80	6,80	2,01	4,82	6,83
55	2,01	4,84	6,85	2,02	4,86	6,88	2,03	4,87	6,90	2,04	4,89	6,93	2,04	4,91	6,95
60	2,20	5,28	7,48	2,20	5,30	7,50	2,21	5,32	7,53	2,22	5,33	7,55	2,23	5,35	7,58
61	2,23	5,37	7,60	2,24	5,39	7,63	2,25	5,40	7,65	2,26	5,42	7,68	2,26	5,44	7,70
62	2,27	5,46	7,73	2,28	5,47	7,75	2,28	5,49	7,77	2,29	5,51	7,80	2,30	5,52	7,82
63	2,31	5,54	7,85	2,31	5,56	7,87	2,32	5,58	7,90	2,33	5,59	7,92	2,34	5,61	7,95
64	2,34	5,63	7,97	2,35	5,65	8,00	2,36	5,66	8,02	2,37	5,68	8,05	2,37	5,70	8,07
65	2,38	5,72	8,10	2,39	5,73	8,12	2,40	5,75	8,15	2,40	5,77	8,17	2,41	5,79	8,20
66	2,42	5,80	8,22	2,43	5,82	8,25	2,43	5,84	8,27	2,44	5,86	8,30	2,45	5,87	8,32
67	2,45	5,90	8,35	2,46	5,91	8,37	2,47	5,93	8,40	2,48	5,94	8,42	2,48	5,97	8,45
68	2,49	5,98	8,47	2,50	6,00	8,50	2,50	6,02	8,52	2,51	6,04	8,55	2,52	6,05	8,57
69	2,53	6,07	8,60	2,53	6,09	8,62	2,54	6,11	8,65	2,55	6,12	8,67	2,55	6,15	8,70
70	2,56	6,16	8,72	2,57	6,18	8,75	2,58	6,19	8,77	2,59	6,21	8,80	2,59	6,23	8,82
71	2,60	6,25	8,85	2,61	6,26	8,87	2,62	6,28	8,90	2,62	6,30	8,92	2,63	6,32	8,95
72	2,64	6,33	8,97	2,65	6,35	9,00	2,65	6,37	9,02	2,66	6,39	9,05	2,67	6,40	9,07
73	2,68	6,42	9,10	2,68	6,44	9,12	2,69	6,46	9,15	2,70	6,47	9,17	2,70	6,50	9,20
74	2,71	6,51	9,22	2,72	6,53	9,25	2,73	6,54	9,27	2,73	6,57	9,30	2,74	6,58	9,32
75	2,75	6,59	9,34	2,75	6,62	9,37	2,76	6,63	9,39	2,77	6,65	9,42	2,78	6,66	9,44
76	2,78	6,69	9,47	2,79	6,70	9,49	2,80	6,72	9,52	2,80	6,74	9,54	2,81	6,76	9,57
77	2,82	6,77	9,59	2,83	6,79	9,62	2,83	6,81	9,64	2,84	6,83	9,67	2,85	6,84	9,69
78	2,86	6,86	9,72	2,86	6,88	9,74	2,87	6,90	9,77	2,88	6,91	9,79	2,89	6,93	9,82
79	2,89	6,95	9,84	2,90	6,97	9,87	2,91	6,98	9,89	2,92	7,00	9,92	2,92	7,02	9,94
80	2,93	7,04	9,97	2,94	7,05	9,99	2,95	7,07	10,02	2,95	7,09	10,04	2,96	7,11	10,07
81	2,97	7,12	10,09	2,98	7,14	10,12	2,98	7,16	10,14	2,99	7,18	10,17	3,00	7,19	10,19
82	3,00	7,22	10,22	3,01	7,23	10,24	3,02	7,25	10,27	3,03	7,26	10,29	3,03	7,29	10,32
83	3,04	7,30	10,34	3,05	7,32	10,37	3,05	7,34	10,39	3,06	7,36	10,42	3,07	7,37	10,44
84	3,08	7,39	10,47	3,08	7,41	10,49	3,09	7,43	10,52	3,10	7,44	10,54	3,11	7,46	10,57
85	3,11	7,48	10,59												

Tabelle Nr. X.

Kohlenstoff-Verbrennungsgasmenge in Kubikmeter.

$$Vg_v = \frac{8,88\,C}{100}$$

C %/0	,0			,2			,4			,6			,8		
	CO_2	N	Σ	CO_2	N	Σ	CO_2	N	Σ	CO_2	N	Σ	CO_2	N	Σ
45	0,84	3,16	4,00	0,84	3,17	4,01	0,85	3,18	4,03	0,85	3,20	4,05	0,85	3,22	4,07
46	0,86	3,22	4,08	0,86	3,24	4,10	0,87	3,25	4,12	0,87	3,27	4,14	0,87	3,29	4,16
47	0,88	3,29	4,17	0,88	3,31	4,19	0,88	3,33	4,21	0,89	3,34	4,23	0,89	3,35	4,24
48	0,89	3,37	4,26	0,90	3,38	4,28	0,90	3,40	4,30	0,91	3,41	4,32	0,91	3,42	4,33
49	0,91	3,44	4,35	0,92	3,45	4,37	0,92	3,47	4,39	0,92	3,48	4,40	0,93	3,49	4,42
50	0,93	3,51	4,44	0,94	3,52	4,46	0,94	3,54	4,48	0,94	3,55	4,49	0,95	3,56	4,51
51	0,95	3,58	4,53	0,96	3,59	4,55	0,96	3,60	4,56	0,96	3,62	4,58	0,97	3,63	4,60
52	0,97	3,65	4,62	0,97	3,67	4,64	0,97	3,68	4,65	0,98	3,69	4,67	0,98	3,71	4,69
53	0,99	3,72	4,71	0,99	3,73	4,72	1,00	3,74	4,74	1,00	3,76	4,76	1,00	3,78	4,78
54	1,01	3,79	4,80	1,01	3,80	4,81	1,01	3,82	4,83	1,02	3,83	4,85	1,02	3,85	4,87
55	1,02	3,86	4,38	1,03	3,87	4,90	1,03	3,89	4,92	1,04	3,90	4,94	1,04	3,91	4,95
60	1,12	4,20	5,32	1,12	4,23	5,35	1,13	4,23	5,36	1,13	4,25	5,38	1,13	4,27	5,40
61	1,14	4,28	5,42	1,14	4,29	5,43	1,14	4,31	5,45	1,15	4,32	5,47	1,15	4,34	5,49
62	1,16	4,35	5,51	1,16	4,36	5,52	1,16	4,38	5,54	1,17	4,39	5,56	1,17	4,41	5,58
63	1,17	4,42	5,59	1,18	4,43	5,61	1,18	4,45	5,63	1,19	4,46	5,65	1,19	4,48	5,67
64	1,19	4,49	5,68	1,20	4,50	5,70	1,20	4,52	5,72	1,21	4,53	5,74	1,21	4,54	5,75
65	1,21	4,56	5,77	1,22	4,57	5,79	1,22	4,59	5,81	1,22	4,60	5,82	1,23	4,61	5,84
66	1,23	4,63	5,86	1,23	4,65	5,88	1,24	4,66	5,90	1,24	4,67	5,91	1,25	4,68	5,93
67	1,25	4,70	5,95	1,25	4,72	5,97	1,26	4,73	5,99	1,26	4,74	6,00	1,26	4,76	6,02
68	1,27	4,77	6,04	1,27	4,79	6,06	1,27	4,80	6,07	1,28	4,81	6,09	1,28	4,83	6,11
69	1,29	4,84	6,13	1,29	4,85	6,14	1,29	4,87	6,16	1,30	4,88	6,18	1,30	4,90	6,20
70	1,31	4,91	6,22	1,31	4,92	6,23	1,31	4,94	6,25	1,32	4,95	6,27	1,32	4,97	6,29
71	1,32	4,98	6,30	1,33	4,99	6,32	1,33	5,01	6,34	1,34	5,02	6,36	1,34	5,04	6,38
72	1,34	5,05	6,39	1,35	5,06	6,41	1,35	5,08	6,43	1,35	5,10	6,45	1,35	5,11	6,46
73	1,36	5,12	6,48	1,36	5,14	6,50	1,37	5,15	6,52	1,37	5,17	6,54	1,37	5,18	6,55
74	1,38	5,19	6,57	1,38	5,21	6,59	1,39	5,22	6,61	1,39	5,23	6,62	1,39	5,25	6,64
75	1,40	5,26	6,66	1,40	5,28	6,68	1,41	5,29	6,70	1,41	5,30	6,71	1,41	5,32	6,73
76	1,42	5,35	6,75	1,42	5,35	6,77	1,42	5,36	6,78	1,43	5,37	6,80	1,43	5,39	6,82
77	1,44	5,40	6,84	1,44	5,42	6,86	1,44	5,43	6,87	1,45	5,44	6,89	1,45	5,46	6,91
78	1,46	5,47	6,93	1,46	5,48	6,94	1,46	5,50	6,96	1,47	5,51	6,98	1,47	5,53	7,00
79	1,47	5,55	7,02	1,47	5,56	7,03	1,48	5,57	7,05	1,48	5,59	7,07	1,49	5,60	7,09
80	1,49	5,61	7,10	1,50	5,62	7,12	1,50	5,64	7,14	1,50	5,66	7,16	1,50	5,67	7,17
81	1,51	5,68	7,19	1,51	5,70	7,21	1,52	5,71	7,23	1,52	5,73	7,25	1,52	5,74	7,26
82	1,53	5,75	7,28	1,53	5,77	7,30	1,54	5,78	7,32	1,54	5,79	7,33	1,54	5,81	7,35
83	1,55	5,82	7,37	1,55	5,84	7,39	1,56	5,85	7,41	1,56	5,86	7,42	1,56	5,88	7,44
84	1,57	5,89	7,46	1,57	5,91	7,48	1,57	5,92	7,49	1,58	5,93	7,51	1,58	5,95	7,53
85	1,59	5,96	7,55												

Tabelle Nr. XI.

Wasserstoff-Verbrennungsgasmenge in Kilogramm.

$$Vg_k = \frac{35{,}48\left(H - \dfrac{O}{8}\right)}{100}.$$

$\left(H-\dfrac{O}{8}\right)$ %/₀	,00			,02			,04			,06			,08		
	H_2O	N	Σ	H_2O	N	Σ	H_2O	N	Σ	H_2O	N	Σ	H_2O	N	Σ
0,4	0,04	0,10	0,14	0,04	0,11	0,15	0,04	0,12	0,16	0,04	0,12	0,16	0,04	0,13	0,17
0,5	0,05	0,13	0,18	0,05	0,13	0,18	0,05	0,14	0,19	0,05	0,15	0,20	0,06	0,15	0,21
0,6	0,06	0,15	0,21	0,06	0,16	0,22	0,06	0,17	0,23	0,06	0,17	0,23	0,06	0,18	0,24
0,7	0,06	0,19	0,25	0,07	0,19	0,26	0,07	0,19	0,26	0,07	0,20	0,27	0,07	0,21	0,28
0,8	0,07	0,21	0,28	0,07	0,22	0,29	0,08	0,22	0,30	0,08	0,23	0,31	0,08	0,23	0,31
0,9	0,08	0,24	0,32	0,08	0,25	0,33	0,08	0,25	0,33	0,09	0,25	0,34	0,09	0,26	0,35
1,8	0,16	0,48	0,64	0,17	0,48	0,65	0,17	0,48	0,65	0,17	0,49	0,66	0,17	0,50	0,67
1,9	0,17	0,50	0,67	0,17	0,51	0,68	0,18	0,51	0,69	0,18	0,52	0,70	0,18	0,52	0,70
2,0	0,18	0,53	0,71	0,18	0,54	0,72	0,18	0,54	0,72	0,19	0,54	0,73	0,19	0,55	0,74
2,1	0,19	0,55	0,74	0,19	0,56	0,75	0,19	0,57	0,76	0,20	0,57	0,77	0,20	0,57	0,77
2,2	0,20	0,58	0,78	0,20	0,59	0,79	0,20	0,59	0,79	0,20	0,60	0,80	0,21	0,60	0,81
2,3	0,21	0,61	0,82	0,21	0,61	0,82	0,21	0,62	0,83	0,21	0,63	0,84	0,21	0,63	0,84
2,4	0,22	0,63	0,85	0,22	0,64	0,86	0,22	0,65	0,87	0,22	0,65	0,87	0,22	0,66	0,88
2,5	0,23	0,66	0,89	0,23	0,66	0,89	0,23	0,67	0,90	0,23	0,68	0,91	0,23	0,69	0,92
2,6	0,23	0,69	0,92	0,24	0,69	0,93	0,24	0,70	0,94	0,24	0,70	0,94	0,24	0,71	0,95
2,7	0,25	0,71	0,96	0,25	0,71	0,96	0,25	0,72	0,97	0,25	0,73	0,98	0,25	0,74	0,99
2,8	0,25	0,74	0,99	0,25	0,75	1,00	0,26	0,75	1,01	0,26	0,75	1,01	0,26	0,76	1,02
2,9	0,26	0,77	1,03	0,26	0,78	1,04	0,26	0,78	1,04	0,27	0,78	1,05	0,27	0,79	1,06
3,0	0,27	0,79	1,06	0,27	0,80	1,07	0,27	0,81	1,08	0,28	0,81	1,09	0,28	0,81	1,09
3,1	0,28	0,82	1,10	0,28	0,83	1,11	0,28	0,83	1,11	0,28	0,84	1,12	0,29	0,84	1,13
3,2	0,29	0,85	1,14	0,29	0,85	1,14	0,29	0,86	1,15	0,29	0,87	1,16	0,29	0,87	1,16
3,3	0,30	0,87	1,17	0,30	0,88	1,18	0,30	0,89	1,19	0,30	0,89	1,19	0,30	0,90	1,20
3,4	0,31	0,90	1,21	0,31	0,90	1,21	0,31	0,91	1,22	0,31	0,92	1,23	0,31	0,92	1,23
3,5	0,31	0,93	1,24	0,32	0,93	1,25	0,32	0,94	1,26	0,32	0,94	1,26	0,32	0,95	1,27
3,6	0,33	0,95	1,28	0,33	0,95	1,28	0,33	0,96	1,29	0,33	0,97	1,30	0,33	0,98	1,31
3,7	0,33	0,98	1,31	0,34	0,98	1,32	0,34	0,99	1,33	0,34	0,99	1,33	0,34	1,00	1,34
3,8	0,34	1,01	1,35	0,35	1,01	1,36	0,35	1,01	1,36	0,35	1,02	1,37	0,35	1,03	1,38
3,9	0,35	1,03	1,38	0,35	1,04	1,39	0,36	1,04	1,40	0,36	1,04	1,40	0,36	1,05	1,41
4,0	0,36	1,06	1,42	0,36	1,07	1,43	0,36	1,07	1,43	0,37	1,07	1,44	0,37	1,08	1,45
4,1	0,37	1,08	1,45	0,37	1,09	1,46	0,37	1,10	1,47	0,38	1,10	1,48	0,38	1,10	1,48
4,2	0,38	1,11	1,49												

Tabelle Nr. XII.

Wasserstoff-Verbrennungsgasmenge in Kubikmeter.

$$Vg_v = \frac{32{,}33\left(H - \dfrac{O}{8}\right)}{100}.$$

$\left(H - \dfrac{O}{8}\right)$ %$_0$	,00			,02			,04			,06			,08		
	H_2O	N	Σ	H_2O	N	Σ	H_2O	N	Σ	H_2O	N	Σ	H_2O	N	Σ
0,4	0,04	0,09	0,13	0,05	0,09	0,14	0,05	0,09	0,14	0,05	0,10	0,15	0,06	0,10	0,16
0,5	0,06	0,10	0,16	0,06	0,11	0,17	0,06	0,11	0,17	0,06	0,12	0,18	0,07	0,12	0,19
0,6	0,07	0,12	0,19	0,07	0,13	0,20	0,07	0,14	0,21	0,07	0,14	0,21	0,08	0,14	0,22
0,7	0,08	0,15	0,23	0,08	0,15	0,23	0,08	0,16	0,24	0,09	0,16	0,25	0,09	0,16	0,25
0,8	0,09	0,17	0,26	0,09	0,18	0,27	0,09	0,18	0,27	0,10	0,18	0,28	0,10	0,18	0,28
0,9	0,10	0,19	0,29	0,10	0,20	0,30	0,10	0,20	0,30	0,11	0,20	0,31	0,11	0,21	0,32
1,8	0,20	0,38	0,58	0,20	0,39	0,59	0,20	0,39	0,59	0,21	0,39	0,60	0,21	0,40	0,61
1,9	0,21	0,40	0,61	0,21	0,41	0,62	0,22	0,41	0,63	0,22	0,41	0.63	0,22	0,42	0,64
2,0	0,22	0,43	0,65	0,22	0,43	0,65	0,23	0,43	0,66	0,23	0,44	0,67	0,23	0,44	0,67
2,1	0,23	0,45	0,68	0,24	0,45	0,69	0,24	0,45	0,69	0,24	0,46	0,70	0,24	0,46	0,70
2,2	0,24	0,47	0,71	0,25	0,47	0,72	0,25	0,47	0,72	0,25	0,48	0,73	0,25	0,49	0,74
2,3	0,25	0,49	0,74	0,26	0,49	0,75	0,26	0,50	0,76	0,26	0,50	0,76	0,26	0,51	0,77
2,4	0,27	0,51	0,78	0,27	0,51	0,78	0,27	0,52	0,79	0,28	0,52	0,80	0,28	0,52	0,80
2,5	0,28	0,53	0,81	0,28	0,53	0,81	0,28	0,54	0,82	0,29	0,54	0,83	0,29	0,54	0,83
2,6	0,29	0,55	0,84	0,29	0,56	0,85	0,29	0,56	0,85	0,30	0,56	0,86	0,30	0,57	0,87
2,7	0,30	0,57	0,87	0,30	0,58	0,88	0,31	0,58	0,89	0,31	0,58	0,89	0,31	0,59	0,90
2,8	0,31	0,60	0,91	0,31	0,60	0,91	0,32	0,60	0,92	0,32	0,60	0,92	0,32	0,61	0,93
2,9	0,32	0,62	0,94	0,32	0,62	0,94	0,33	0,62	0,95	0,33	0,63	0,96	0,33	0,63	0,96
3,0	0,33	0,64	0,97	0,34	0,64	0,98	0,34	0,64	0,98	0,34	0,65	0,99	0,34	0,66	1,00
3,1	0,34	0,66	1,00	0,35	0,66	1,01	0,35	0,67	1,02	0,35	0,67	1,02	0,35	0,68	1,03
3,2	0,35	0,68	1,03	0,36	0,68	1,04	0,36	0,69	1,05	0,36	0,69	1,05	0,36	0,70	1,06
3,3	0,37	0,70	1,07	0,37	0,70	1,07	0,37	0,71	1,08	0,37	0,72	1,09	0,37	0,72	1,09
3,4	0,38	0,72	1,10	0,38	0,72	1,10	0,38	0,73	1,11	0,39	0,73	1,12	0,39	0,74	1,13
3,5	0,39	0,74	1,13	0,39	0,75	1,14	0,39	0,75	1,14	0,40	0,75	1,15	0,40	0,76	1,16
3,6	0,40	0,76	1,16	0,40	0,77	1,17	0,41	0,77	1,18	0,41	0,77	1,18	0,41	0,78	1,19
3,7	0,41	0,79	1,20	0,41	0,79	1,20	0,42	0,79	1,21	0,42	0,80	1,22	0,42	0,80	1,22
3,8	0,42	0,81	1,23	0,42	0,81	1,23	0,43	0,81	1,24	0,43	0,82	1,25	0,43	0,82	1,25
3,9	0,43	0,83	1,26	0,44	0,83	1,27	0,44	0,83	1,27	0,44	0,84	1,28	0,44	0,85	1,29
4,0	0,44	0,85	1,29	0,45	0,85	1,30	0,45	0,86	1,31	0,45	0,86	1,31	0,45	0,87	1,32
4,1	0,45	0,87	1,32	0,46	0,87	1,33	0,46	0,88	1,34	0,46	0,88	1,34	0,46	0,89	1,35
4,2	0,47	0,89	1,36												

Ein Beispiel möge die Anwendung der Tafeln demonstrieren.
Für einen Brennstoff von der Zusammensetzung:

$$
\begin{aligned}
C &\ldots\ldots\ldots\ldots\ 76{,}4\,\%\\
H &\ldots\ldots\ldots\ldots\ 4{,}5\ „\\
S &\ldots\ldots\ldots\ldots\ 1{,}0\ „\\
H_2O &\ldots\ldots\ldots\ldots\ 3{,}5\ „\\
\text{Rückstände} &\ldots\ldots\ldots\ 5{,}1\ „\\
O+N &\ldots\ldots\ldots\ 9{,}5\ „
\end{aligned}
$$

erhält man $H-O/8$ zu $(4{,}5-1{,}1)=3{,}4$, wobei allgemein für
$N=1$ gesetzt wird, wenn $O+N$ zusammen angegeben ist. Luftbedarf in Kilogramm L_k und in Kubikmeter L_v erhält man nach
Tabelle Nr. VII und VIII zu:

	L_k kg	L_v cbm
C	8,76	6,78
$\left(H-\dfrac{O}{8}\right)$ . . .	1,18	0,91
Σ:	9,94	7,69

Die Verbrennungsgasmenge in Kilogramm Vg_k und in Kubikmeter Vg_v beträgt nach Tabelle Nr. IX—XII:

	Vg_k				Vg_v			
	CO_2 kg	H_2O kg	N kg	Σ kg	CO_2 cbm	H_2O cbm	N cbm	Σ cbm
C	2,80	—	6,72	9,52	1,42	—	5,36	6,78
$\left(H-\dfrac{O}{8}\right)$ . .	—	0,31	0,91	1,22	—	0,38	0,73	1,11
H_2O	—	0,03	—	0,03	—	0,04	—	0,04
N	—	—	0,01	0,01	—	—	0,01	0,01
Σ:				10,78				7,94

Bei einem Versuch wurde festgestellt, daß in den Verbrennungsgasen 6,3 Vol.-Proz. Sauerstoff enthalten ist; nach Tabelle Nr. VI
hat man demnach $143\,\%$ mehr Verbrennungsluft, als theoretisch
erforderlich ist. Die Temperatur des Gases wurde zu 300^{0} C.
bestimmt.

Der Wärmeinhalt der pro 1 kg Brennstoff tatsächlich produzierten Verbrennungsgasmenge, hier z. B. in Kilogramm, Vg_k, ausgedrückt, ist wie folgt zu ermitteln:

$$L_k = 9{,}94 \text{ kg } Lu = 143\,^0/_0 = \left(\frac{9{,}94 \cdot 143}{100}\right) = (14{,}21 - 9{,}94)$$

$= 4{,}27$ kg überschüssige Luft, bestehend aus:

$$(4{,}27 \cdot 0{,}232) = 0{,}99 \text{ kg } O$$
$$(4{,}27 \cdot 0{,}768) = 3{,}28 \text{ „ } N$$
$$\text{zusammen: } 4{,}27 \text{ kg Luft.}$$

Diese müssen also noch zum theoretischen Quantum addiert werden; man erhält dann:

	CO_2 kg	H_2O kg	O kg	N kg
C	2,80	—	—	6,72
$\left(H - \dfrac{O}{8}\right)$	—	0,31	—	0,91
H_2O	—	0,03	—	—
N	—	—	—	0,01
Überschuß Luft . . .	—	—	0,99	3,28
Σ	2,80	0,34	0,99	10,92

oder zusammengefaßt:

$$\begin{aligned}
2{,}80 \text{ kg} &= 18{,}5 \text{ Gew.-Proz. } CO_2 \\
0{,}34 \text{ „} &= 2{,}3 \quad \text{„} \quad H_2O \\
0{,}99 \text{ „} &= 6{,}6 \quad \text{„} \quad O \\
10{,}92 \text{ „} &= 72{,}6 \quad \text{„} \quad N
\end{aligned}$$

Σ: 15,05 kg = 100,0 Gew.-Proz. Verbrennungsgas.

Nach Tabelle Nr. IV beträgt die mittlere spezifische Wärme cp_m für 300° C. und

$$\begin{aligned}
CO_2 &= 0{,}2154 \\
H_2O &= 0{,}4747 \\
O &= 0{,}2181 \\
N &= 0{,}2493
\end{aligned}$$

woraus sich die gesamte mittlere spezifische Wärme des Verbrennungsgases zu:

$$CO_2 = 18,5 \text{ Gew.-Proz.} \cdot 0,2154 = 4,0849$$
$$H_2O = 2,3 \phantom{\text{ Gew.-Proz.}} \text{„} \cdot 0,4747 = 1,0918$$
$$O = 6,6 \phantom{\text{ Gew.-Proz.}} \text{„} \cdot 0,2181 = 1,4394$$
$$N = 72,6 \phantom{\text{ Gew.-Proz.}} \text{„} \cdot 0,2493 = 18,1009$$
$$\frac{\Sigma}{100} = 0,2472$$

ergibt, mithin $0,2472 \cdot 300 \cdot 15,05 = 1116$ cal in dem aus 1 kg Brennstoff stammenden Verbrennungsgas enthalten sind.

12. Die Berechnung des Nutzeffektes der direkten Wärmeentbindung und der Einfluß des Brennstoffs auf die Funktionen des Wärmeträgers.

Die in dem direkten Verbrennungsprozeß freiwerdende Wärmemenge muß bei vollkommenen Verhältnissen identisch sein mit der im Brennstoff vorhandenen.

Bezeichnet man mit Hw_{kg} den Heizwert des Brennstoffs, mit L_k die tatsächlich angewandte Luftmenge, mit t die Temperatur der zuströmenden Luft, mit Vg_k die effektiv erzeugte Verbrennungsgasmenge, mit T die Temperatur des Verbrennungsgases und mit cp_L und cp_{Vg} die spezifischen Wärmen der Luft und des Verbrennungsgases pro Kilogramm, so ist der Wärmeinhalt H_B des aus 1 kg Brennstoff gebildeten Gases:

$$H_B = T \cdot cp_{Vg} \cdot Vg_k - t \cdot cp_L \cdot L_k.$$

Umgekehrt ist die Anfangstemperatur der Verbrennungsgase am Verbrennungsort:

$$T = \frac{Hw_k + L_k \cdot cp_L \cdot t}{Vg_k \cdot cp_{Vg}}.$$

Der Faktor, welcher den Nutzeffekt der Verbrennung rein kalorimetrisch beeinflußt, liegt einfach darin, daß die Gesamtmenge des zu verbrennenden Materials wirklich ohne jeden Verlust in Verbrennungsgas umgesetzt wird. Bezeichnet man mit $\varDelta$ in Prozenten die vom Gesamtquantum nicht in Wärme umgesetzte Brennstoffmenge und ferner das durch Strahlung und Leitung abfließende Wärmequantum, so hat man nicht Hw_k, sondern $(Hw_k - \varDelta)$ zu setzen; dieser Verlust entsteht durch Mitentfernen von Brennstoff beim Abschlacken, Durchfallen von Brennstoff durch die Rostspalten, Abführung von aus den Verbrennungsgasen entnommener Wärme infolge Strahlung und Ableitung durch das umgebende Mauerwerk.

Der zweite und wesentlichere Faktor ist in der Anfangstemperatur T, im sogenannten pyrometrischen Effekt, gegeben, weil, wie später gezeigt werden wird, der Wärmedurchgang an Heizflächen mit der Zunahme der Temperaturdifferenz wächst und diese eine Funktion der Anfangstemperatur ist.

Wie aus der Formel ersichtlich, steigt die Anfangstemperatur mit der Zunahme Hw_k und der Abnahme von $\varDelta$, ferner mit der Abnahme von L_k und Vg_k, d. h. mit der Abnahme des Luftüberschusses, mit welchem das Brennmaterial verfeuert wird.

Mithin ist der günstigste Nutzeffekt des Verbrennungsprozesses zu suchen in einer durch geringen Luftüberschuß bedingten hohen Anfangstemperatur und einer möglichst vollkommenen Anteilnahme sämtlichen zur Wärmeerzeugung benutzten Brennstoffes.

Bestimmt man die Anfangstemperatur und die Zusammensetzung des Verbrennungsgases, bezogen auf 1 kg Brennstoff, bevor dasselbe Wärme an die sich anschließende Heizfläche abgegeben hat, so erhält man den summarischen Ausdruck des Nutzeffektes der Verbrennung nach dem Ansatz:

$$\frac{Vg_k \cdot cp_{Vg} \cdot T - L_k \cdot cp_L \cdot t}{Hw_k}$$

als den Anteil der in den Verbrennungsgasen wiedergefundenen Wärme zu der im Brennstoff (Hw_k) vorhandenen.

Einige Beispiele lassen diese Verhältnisse erkennen; in Versuch Nr. I resultiert der große Verlust aus dem Effekt, welche die Wärmeumsetzung rein kalorimetrisch beeinflußt (Faktor $Hw_k - \varDelta$); in Versuch Nr. II hat man es mit einem hohen Anteil an der Wärmeentbindung, bedingt durch großen, pyrometrischen Effekt, zu tun; beiderseits fällt, da $t = 0^{0}$ beträgt, der Ausdruck $L_p \cdot cp_L \cdot t$ fort.

(Siehe die Tabelle auf S. 54.)

Im Fall II verliert man mithin trotz hoher Anfangstemperatur nur $4\,^0/_0$ von der effektiv vorhandenen Wärmemenge, während im Fall I $41\,^0/_0$ verloren gehen. Die Ursache ist in dem gasarmen Brennstoff zu suchen, welcher schwer entzündlich ist und, um überhaupt zu verbrennen, nur mit großem Luftüberschuß verfeuert werden kann. Durch die unzweckmäßige Feuerungsanlage ist ferner bei dem sehr oft nötigen Abschlacken ein großer Teil Brennstoff unverbrannt mit entfernt worden. Es kommen hier die bei der Anführung der einzelnen Funktionen der Komponenten von Brennstoffen zum Ausdruck gebrachten Erscheinungen zur Geltung.

	Versuch Nr.	
	I	II
Zusammensetzung des Brennstoffes:		
Kohlenstoff C	71,88 %	74,64 %
Wasserstoff H	1,32 „	4,68 „
Schwefel S	0,84 „	1,17 „
Hygroskopisches Wasser H_2O	5,58 „	3,09 „
Rückstände Rckst.	17,40 „	5,61 „
Sauerstoff und Stickstoff $O + N$	2,98 „	10,81 „
Heizwert	6078 cal	7029 cal
Luftüberschußkoeffizient	2,25 fach	1,51 fach
Vorhandene Verbrennungsgasmenge	20,21 kg	15,57 kg
Zusammensetzung desselben:		
Kohlendioxyd	2,53 „	2,66 „
Sauerstoff	2,52 „	1,16 „
Wasserdampf	0,10 „	0,17 „
Stickstoff	15,06 „	11,58 „
Kohlendioxyd	12,5 Gew.-Proz.	17,0 Gew.-Proz.
Sauerstoff	12,4 „	7,4 „
Wasserdampf	0,6 „	1,1 „
Stickstoff	74,5 „	74,5 „
Temperatur desselben	700°	1560°
Mittlere spez. Wärme hierbei	0,2521 cal	0,2790 cal
Wärmeinhalt des Verbrennungsgases aus 1 kg Brennstoff	3577 „	6777 „
In Prozent vom Heizwert	59 %	96 %

In den folgenden Darlegungen soll gezeigt werden, daß der pyrometrische Effekt, ausgedrückt durch die Anfangstemperaturen T, stark von der Zusammensetzung des zur Verwendung gelangenden Brennstoffes beeinflußt wird.

Betrachtet man die verschiedenen Rauchgasbildner CO_2, O, H_2O, N in bezug auf ihre spezifischen Wärmen bei verschiedenen Temperaturen, so fällt besonders die hohe Wärmekapazität des

Wasserdampfes auf. Es läßt sich hieraus der Schluß ziehen, daß Brennstoffe mit gleichem Wärmewert, aber wechselndem Wasserstoff- und Wassergehalt bei sonst gleichen Bedingungen verschieden hohe Anfangstemperaturen bei ihrer Verbrennung haben müssen, und daß ferner bei gleicher Temperatur der Wärmewert des an Wasserdampf reicheren Verbrennungsgases größer sein muß als bei einem an Wasserdampf ärmeren Gase.

In Beispiel I ist eine aus dem Niederlausitzer Becken stammende Tagebau-Braunkohle angezogen, in Versuch II ist derselbe Brennstoff in brikettierter Form benutzt.

	Versuch Nr.	
	I	II
Zusammensetzung des Brennstoffes:		
Kohlenstoff C	21,69 %	46,82 %
Wasserstoff H	2,06 „	4,78 „
Schwefel S	0,71 „	1,12 „
Hygroskopisches Wasser H_2O . . .	55,65 „	12,26 „
Rückstände Rckst.	3,13 „	8,94 „
Sauerstoff und Stickstoff $O+N$ . .	16,76 „	26,08 „
Heizwert.	2124 cal	4813 cal
Luftüberschußkoeffizient	1,50 fach	1,50 fach
Vorhandene Verbrennungsgasmenge . .	4,62 kg	9,51 kg

	Versuch Nr.	
	I	II
Zusammensetzung des Verbrennungsgases:		
Kohlendioxyd	0,78 kg	1,67 kg
Sauerstoff	0,30 „	0,69 „
Wasserdampf	0,56 „	0,15 „
Stickstoff.	2,98 „	7,00 „
Kohlendioxyd	16,7 Gew.-Proz.	17,5 Gew.-Proz.
Sauerstoff	6,5 „	7,4 „
Wasserdampf	12,2 „	1,6 „
Stickstoff.	64,6 „	73,5 „

Die Wärmeinhalte der aus 1 kg Brennstoff herrührenden Verbrennungsgasmengen stellen sich für verschiedene Temperaturen rechnerisch wie folgt:

Versuch Nr. I.

Temperatur	300°	600°	900°	1200°	1500°
Mittlere spez. Wärme pro 1 kg Verbrennungsgas .	0,2689	0,2865	0,2928	0,3047	0,3165 cal
Wärmeinhalt des Verbrennungsgases aus 1 kg Brennstoff	373	794	1217	1689	2193 „
Desgl. in Prozent vom Heizwert desselben . . .	17,4	37,4	57,3	79,5	103,2 %

Versuch Nr. II.

Temperatur	300°	600°	900°	1200°	1500°	1800°
Mittlere spez. Wärme pro 1 kg Verbrennungsgas .	0,2448	0,2535	0,2623	0,2711	0,2799	0,2887 ca
Wärmeinhalt des Verbrennungsgases aus 1 kg Brennstoff . .	699	1446	2245	3094	3992	4927 „
Desgl. in Prozent vom Heizwert desselben . . .	14,5	30,0	46,6	64,3	82,9	102,3 %

Der besseren Übersicht wegen sind in dem Diagramm, Fig. 9, die erhaltenen Werte graphisch aufgetragen. Bei gleichem Luftüberschuß und unter der Voraussetzung, daß der Wirkungsgrad der Wärmeentbindung gleich ist, erhielte man demnach:

Bei einem Wirkungsgrad von 100 % 90 % 80 % 70 %
und Brennstoff I . . . . . 1460° 1340° 1200° 1070°
desgl. II . . . . . 1740° 1600° 1420° 1280° usw.

Die Verschiedenheit der Eigenschaften der Brennmaterialien erreicht bei dem als Steinkohle bekannten Brennstoff ein Maximum und soll hier infolgedessen auf denselben besonders eingegangen werden. Für die Beurteilung der Betriebsbrauchbarkeit ist nicht etwa der Heizwert allein maßgebend, sondern hierfür ist vielmehr die chemische Zusammensetzung von wesentlicherer Bedeutung. Die Heizwertbestimmung selbst bietet für die Erkenntnis der Betriebsbrauchbarkeit einer Steinkohle insofern geringen Anhalt, als die unter Berücksichtigung des bekannten Nutzeffektes einer Dampfkesselanlage berechnete Verdampfungsfähigkeit nur dann gewährleistet wird, wenn die Gesamteigenschaften der Steinkohlen genau dieselben sind, wie der bei der Ermittlung des Wirkungsgrades der Kessel-

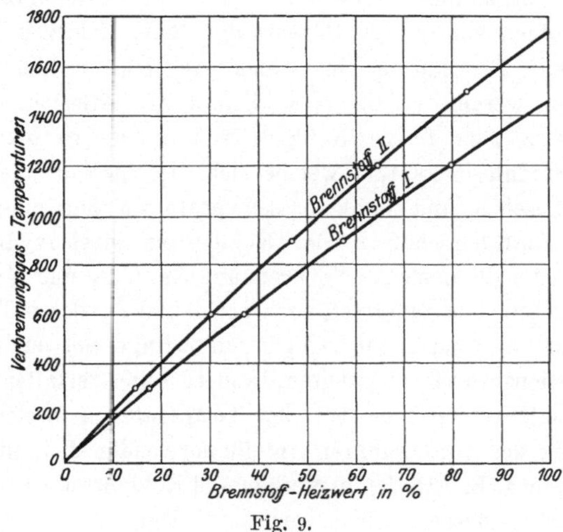

Fig. 9.

anlage verwandten. Dieser Fall tritt jedoch nicht immer ein, weil ja meist Gegenstand der Beurteilung eine in ihren Eigenschaften unbekannte Kohlensorte ist. Somit ist auch ein Rückschluß auf die Verdampfungsfähigkeit einer Kohle aus dem Heizwert ohne weiteres nicht angängig.

Zur chemischen Zusammensetzung übergehend, bringen die brennbaren Komponenten der Steinkohle folgende wesentliche Erscheinungen beim Verbrennen mit sich.

Kohlenstoff.

Kohlenstoff in reiner Form ist äußerst schwer entzündlich und verbrennt langsam mit sehr kurzer, wenig leuchtender Flamme, weil ein Berühren resp. Mischen desselben mit dem Luftsauerstoff nur an seiner Oberfläche vor sich gehen kann. Als Beispiel hierfür kann das in Feuerungsbetrieben verwandte kohlenstoffreichste Brennmaterial, der Anthrazit, angeführt werden. In Versuch Nr. 1 auf S. 54 ist die unzweckmäßige Verwendung eines kohlenstoffreichen Brennstoffes angegeben.

Wasserstoff bezw. Kohlenwasserstoff.

Der in den Brennmaterialien vorhandene Wasserstoff ist nicht im freien Zustande, sondern an Kohlenstoff gebunden, als Kohlenwasserstoff vorhanden. Derselbe ist für die Verwendungsfähigkeit von Steinkohlen von großer Bedeutung. Beim Erhitzen tritt zuerst eine trockene Destillation ein, wobei sämtliche Kohlenwasserstoffe ausgetrieben werden, z. B. als Methan, CH_4, Äthylen, C_2H_2 usw. Im Gegensatz zum festen Kohlenstoff hat man es hier mit gasförmigen Produkten zu tun, welche sich viel inniger mit dem Luftsauerstoff mischen und infolgedessen praktisch mit einem weitaus geringeren Luftüberschuß als der Kohlenstoff selbst oxydiert werden können. Zur vollkommenen Verbrennung zu CO_2 und H_2O bedarf es jedoch neben dem Sauerstoff auch noch einer gewissen Temperatur, der Entzündungstemperatur, welche unbedingt notwendig ist, um den Oxydationsprozeß einzuleiten; andererseits zerfallen nun aber gewisse Kohlenwasserstoffe bei den Temperaturen, welche für die Verbrennung der vorerwähnten Anteile notwendig sind, in einfachere Verbindungen, z. B. Äthylen in Methan und Kohlenstoff usw. Während das gasförmige Methan leicht verbrennt, befindet sich der Kohlenstoff, wenn genügend Luftsauerstoff und Temperatur vorhanden ist, äußerst fein zerteilt als weißglühender leuchtender Körper in der Flamme. Entzieht man nun entweder die Luft oder vermindert man die Temperatur, beispielsweise durch vorzeitiges Berührenlassen der weißglühenden Flamme der um vieles geringer temperierten Heizfläche eines Dampfkessels, so findet eine sofortige Sublimation statt, es bildet sich Ruß. Da nun, wie eingangs beim Kohlenstoff erwähnt, ein Verbrennen desselben zu Kohlendioxyd nur unter schwierigen Umständen vor sich geht, erscheint derselbe hier auch immer als Produkt unvollkommener Verbrennung, sichtbar an der Essenmündung. Man erkennt hieraus, daß die Möglichkeit der Ruß- resp. Rauchentwickelung als Funktion des Kohlenwasserstoff- resp. Wasserstoffgehaltes der Brennmaterialien aufgefaßt werden kann.

Beobachtet man an einer und derselben Feuerungsanlage bei Verfeuerung mit gleichem Luftüberschuß und bei gleicher Brennstoffmenge pro Zeiteinheit unter Verwendung verschiedenartig zusammengesetzter Brennstoffe die Rauchentwickelung, so erhält man Beziehungen, welche das Maß der Rauchbildung als Funktion des Wasserstoffgehaltes enthalten. Für die Feuerungsanlage des hier erwähnten Dampfkessels ergeben sich beispielsweise die in dem

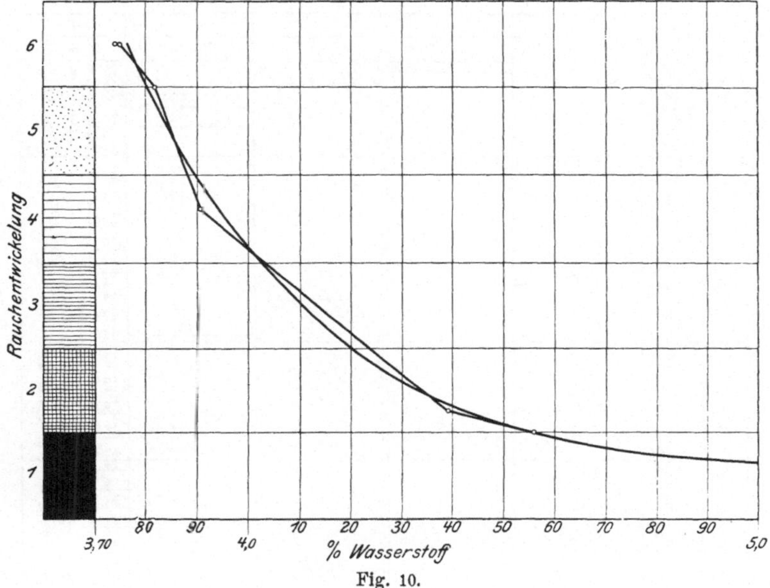

Fig. 10.

Diagramm (Fig. 10) dargestellten Abhängigkeitsverhältnisse. Der Wasserstoffgehalt bezieht sich auf den rückstandfreien Brennstoff.

Es ist selbstverständlich nötig, bei Vornahme solcher Versuche für möglichst gleiche Zustandsbedingungen zu sorgen, welche sich sogar bis auf die Beleuchtung und den Hintergrund der Esse — Bewölkung oder klarer Himmel — erstrecken müssen, da gegenteilig das Resultat sowohl von mehr oder weniger großem Luftüberschuß als auch von dem pro Zeit und Flächeneinheit verfeuerten Quantum des Brennstoffes und dem Hintergrunde, von welchem sich die Rauchmassen abheben sollen, abhängig ist.

In dem Diagramm (Fig. 11) sind die Versuchsergebnisse derartiger Beobachtungen graphisch zum Ausdruck gebracht. Man

erkennt klar, daß das größere Unvermögen der Feuerungsanlage,
vollkommen zu verbrennen, wächst mit der Rostbelastung und daß
die Sichtbarkeit der Rußentwickelung abnimmt mit der Zunahme des
Luftüberschusses resp. der größeren Verdünnung der Rußrauchgas-
mischung. Ferner sei noch bemerkt, daß ein und dieselbe Rußmenge,
welche bei bewölktem Himmel als mittelstarker Rauch bezeichnet
wird, bei sonnenklarem Wetter kaum als Rauch zu bemerken ist.

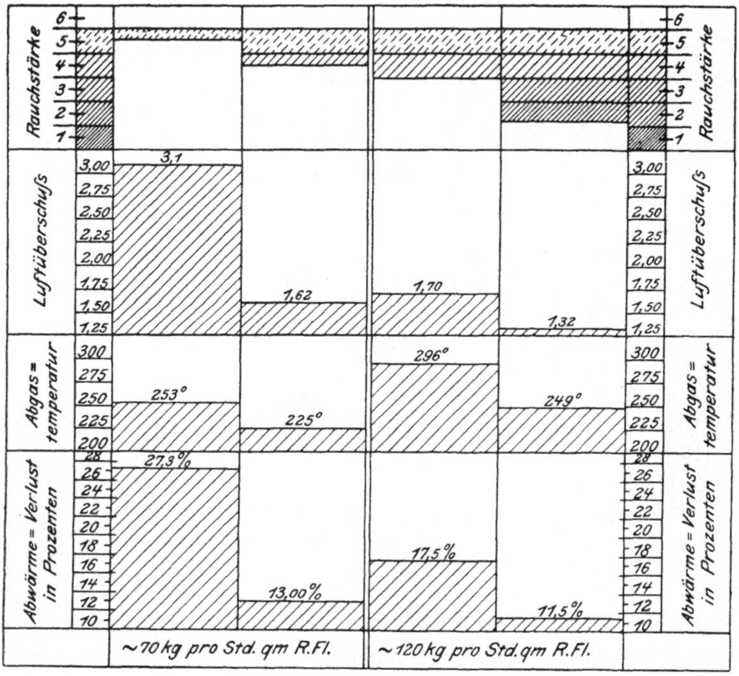

Fig. 11.

Die Konsequenzen dieser Erfahrungen lassen sich auch dahin
formulieren, daß die als Kalamität betrachtete Rauchentwickelung
der Feuerungsanlage auch durch geeignete Auswahl des Brennmaterials
behoben werden kann. Daß dem effektiv so ist, zeigen die hier mitgeteilten und über längere Zeitabschnitte ausgedehnten Versuche.

Es handelt sich in diesem Fall um ein kohlenwasserstoff- und
damit auch wasserstoffreiches Brennmaterial A und ein sehr wasser-
stoffarmes Brenmaterial B, nebenbei bemerkt, ein Kokereiprodukt.

Mischt man diese beiden Brennstoffe, so muß der mittlere Wasserstoffgehalt der Mischung je nach der Art der Verteilung der beiden Fraktionen selbst variieren. Die Zusammensetzung war folgende:

Brennstoff	A	B
Kohlenstoff	74,92	76,15 %
Wasserstoff	4,71	1,10 „
Sauerstoff	5,75	2,51 „
Stickstoff	0,84	1,12 „
Wasser	4,86	2,20 „
Rückstände	8,92	16,92 „
Heizwert	7265 cal	6391 cal

Im Mittel aus einem 64 stündigen Versuch mit dem Brennstoff A ergab sich:

Stündlich verfeuerte Kohlenmenge pro 1 qm Rostfläche . 92,68 kg

Stündlich verdampfte Wassermenge pro 1 qm Heizfläche . 14,09 „

Pro 1 kg Kohle erzeugt Kilogramm Dampf von je 637 cal 8,19 „

Luftüberschußkoeffizient . . . . 1,42 fach

Rauchstärke . . . . sehr stark

Nutzeffekt der Dampfanlage 72,0

Das zu sehr starker Rauchentwickelung Veranlassung gebende Brennmaterial A wurde nun mit dem Brennstoff B in einem Verhältnis von $A = 80$ kg, $B = 20$ kg gemischt. Die hieraus resultierende Zusammensetzung ergibt sich zu

Kohlenstoff	75,16 %
Wasserstoff	3,98 „
Sauerstoff	5,10 „
Stickstoff	0,89 „
Wasserstoff	4,32 „
Rückstände	10,55 „
Heizwert	7058 cal

Im Mittel mit dieser Mischung ergab sich nunmehr in einem 64 stündigen Versuch:

Stündlich verfeuerte Kohlenmenge pro 1 qm Rostfläche 86,95 kg

Stündlich verdampfte Wassermenge pro 1 qm Heizfläche 13,12 „

Pro 1 kg Kohle erzeugt Kilogramm Dampf von 637 cal 8,01 „

Luftüberschußkoeffizient . . . . 1,48 fach

Rauchstärke . . . . mittelschwach

Nutzeffekt der Dampfanlage . . . . 72,3 %

Durch die Mischung ist der Heizwert etwas heruntergegangen, ebenso auch der Wasserstoffgehalt von 4,71 auf 3,98 %, was zur Folge hat, daß bei annähernd gleicher Rostbelastung und gleichem Luftüberschuß die Rauchentwickelung um ein erhebliches vermindert worden ist, ohne daß irgendwelche nachteilige Wirkungen für den Feuerungsprozeß sich einstellten.

Die nicht brennbaren Komponenten der Steinkohlen lassen folgende wesentliche Eigenschaften erkennen:

Wasser.

Der Wärmewert der Brennmaterialien wird durch den Gehalt an Wasser bedeutend herabgesetzt. Feuchte Kohlen besitzen natürlich um so viel weniger Brennstoff, als die Differenzen nach Abzug des in Gewichtsprozenten angegebenen Wassers beträgt. Ein weiterer Übelstand ist die Wärmeabsorption des Wassers während des Verfeuerungsprozesses. Während dasselbe flüssig, z. B. mit 20° C., bei einer hierbei besitzenden Flüssigkeitswärme von 20 cal pro Kilogramm in die Feuerung gelangt, verläßt dasselbe die Dampfkesselheizfläche als Dampf von atmosphärischer Spannung, beispielsweise mit 250° C. im überhizten Zustande mit 693 cal. Wie weit der pyrometrische Effekt durch mehr oder minder großen Wassergehalt beeinflußt wird, zeigen die Versuche auf S. 56.

Rückstände.

Große Wichtigkeit für den Betriebswert hat der mehr oder minder große Gehalt an mineralischen Bestandteilen, die Asche der Brennstoffe, weil dieselbe einen Einfluß auf die Rostbetriebsdauer ausübt. Unter Rostbetriebsdauer ist hier diejenige Zeitdauer verstanden, welche, natürlich bei gleichen Bedingungen, verstreicht, ehe der Rost infolge von Luftmangel, geboten durch großen Widerstand, abgeschlackt werden muß. Sind also die dynamischen Effekte der Zugansaugungsanlage konstant, so wird bei einem bestimmten Schlackengehalt des Brennmaterials nur eine bestimmte und sich immer gleichbleibende Rostbetriebsdauer möglich sein. Um eine rechnerische Beziehung hierfür zu erhalten, sind einige aus Versuchen herrührende Daten so verwertet worden, daß als Endergebnis diejenige Rostbeanspruchung in Kilogramm Brennmaterial resultiert, welche beispielsweise speziell in dem hier angeführten Fall als Normallast pro Stunde und Quadratmeter Heizfläche 12 kg Dampf mit je ~ 622 zuzuführenden cal zu erzeugen imstande ist.

Die aus dem bekannten Gehalt an Rückständen im Brennmaterial berechnete Schlackenmenge, welche sodann pro Stunde und 1 qm Rostfläche erhalten wird, ist als Funktion für die Rostbetriebsdauer verwertet worden.

Aus einer ganzen Anzahl von Versuchen wurden folgende Mittel erhalten:

Rostbetriebsdauer in Stunden . .   2 $3\,^1/_2$ 5   6   7

Kilogramm Rückstände pro Stunde
und Quadratmeter Rostfläche   .   35,3   16,4   13,4   11,0   10,6

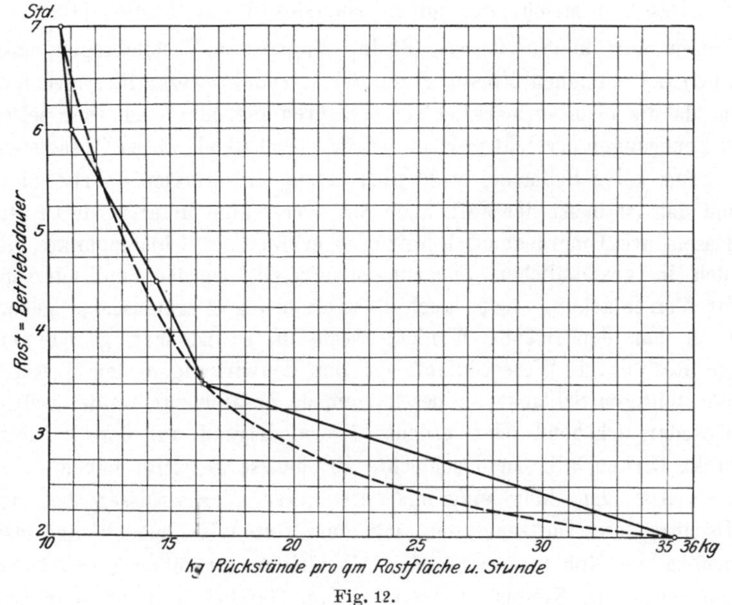

Fig. 12.

Erhält man demnach bei obigem Normalbetrieb pro Stunde und Quadratmeter Rostfläche $\sim$ 14 kg Rückstände, so ist der dem Luftzutritt gebotene Widerstand nach $\sim 4\,^1/_2$ Stunden so groß, daß das Abschlacken gegeben erscheint. In dem Diagramm (Fig. 12) befindet sich eine Zusammenstellung dieser Bedingungen.

Neben der Menge der Rückstände spielt auch die Zusammensetzung derselben eine große Rolle bei der Verwendbarkeit einer Kohle; es kommt hier der Schmelzpunkt der Rückstände und die Löslichmachung resp. Resorbierung von Eisen aus dem Roststabmaterial in Betracht.

Allgemein hat man es in den mineralischen Rückständen der Steinkohlen mit Oxyden des Aluminiums, Kalziums, Eisens, Kaliums, Magnesiums, Natriums, Schwefels und Siliziums zu tun, teilweise sind auch Verbindungen von Blei, Mangan, Phosphor, Zink usw., wenn auch in geringen Mengen, nachgewiesen worden.

Gruppiert man diese Verbindungen, welche zur Verschlackung Veranlassung geben, nach ihrem Schmelzpunkt, so erhält man etwa folgende Reihe:

Aluminiumoxyd, Schmelzpunkt höher als 1900^0
Desgl. in Mischungen mit Siliziumdioxyd ca. 1450—1900^0.

Treten nun hierzu Eisen-, Kalk-, Magnesium-Verbindungen usw. hinzu, so entstehen Flüsse, deren Schmelzpunkt wesentlich niedriger ist, da die oben vermerkten Temperaturen nie oder doch sehr selten in Feuerungen erreicht werden, würden Rückstände dieser Zusammensetzung keine Schlacke, wohl aber Asche hinterlassen. Tritt aber, und das ist meist der Fall, auch ein oder einige Metalloxyde zu dem Kieselsäure-Tonerdegemisch hinzu, so erhält man Schmelzpunkte, die auch in gewöhnlichen Feuerungen erreicht werden und nunmehr zur Verschlackung resp. auch Rostzerstörung Veranlassung geben. Kann man den Brennstoff nicht wechseln, so ist man gezwungen, den Rost durch Wasserdampf vor den Einwirkungen der flüssigen oder teigigen Schlacke zu beschützen, da Zusätze zur Kohle, welche entweder erhöhend oder bedeutend erniedrigend auf den Schmelzpunkt wirken, allgemein schlechte Ergebnisse gezeitigt haben.

Aus den hier eingangs erwähnten Verhältnissen bei der Mischung des Luftsauerstoffs mit dem festen Kohlenstoff und den gasförmigen Kohlenwasserstoffen läßt sich weiter folgern, daß trotzdem gasreiche Kohlen theoretisch zum Oxydieren nicht sehr viel weniger Luft wie gasarme Kohlen erfordern, bei gegebener Sauganlage pro Zeiteinheit mehr gasreiche als gasarme Brennstoffe verfeuert werden können, weil erstere einfach infolge besserer Mischung mit dem Luftsauerstoff praktisch auch mit kleinerem Luftüberschuß verfeuert werden können. Beispielsweise wurde erhalten:

Kohlenstoffgehalt	77,80 %	67,52 %
Wasserstoffgehalt	3,82 „	4,39 „
Bei gleichem Unterdruck wurden pro Stunde		
und Quadratmeter Rostfläche verfeuert	84,2 kg	131,2 kg
Theoretischer Luftbedarf	10,0 „	8,3 „

Luftüberschußkoeffizient . . . .   **2,04** fach   **1,70** fach
Luftgewicht, stündlich zugeführt . . .   1715 kg   1770 kg
Heizwert . . . .   7236 cal   6640 cal

Entgegengesetzt dem aus dem Heizwert abzuleitenden Resultat ist der Brennstoff mit dem geringeren Wärmewert für den Betrieb zum mindesten ebenso wertvoll als der Brennstoff mit dem größeren Heizwert.

Faßt man die hier zum Ausdruck gebrachten Erfahrungen kurz zusammen und bezeichnet man mit Dampfleistungsfähigkeit eines Brennmaterials den summarischen Ausdruck der Verwendbarkeit desselben in diesem oder jenem Feuerungsbetriebe, so erhält man hierfür zwei wesentliche Eigenschaften, nämlich

1. die Verdampfungsfähigkeit, d. h. den nutzbaren Heizwert und
2. die Verfeuerungsfähigkeit, d. h. die Summa der Funktionen seiner brennbaren und unbrennbaren Bestandteile.

Beide Eigenschaften beachtet, lassen eine Wertbestimmung eines Brennstoffes erst zu.

Ein Beispiel endlich für die Verwendbarkeit der angeführten Erfahrungen läßt dieselben, wie folgt, erkennen:

$$\text{Heizfläche des Dampfkessels} \quad 250 \text{ qm}$$
$$\text{Rostfläche der Feuerungsanlage} \quad 5 \text{ „ .}$$

Zusammensetzung des unbekannten Brennstoffes:

$$\begin{array}{ccc} C & H & \text{Rückstände} \\ 73,20\,^0/_0 & 4,30\,^0/_0 & 8,24\,^0/_0. \end{array}$$

Nutzbarer Heizwert . . . . ~ 7200 cal
Nutzeffekt der Dampfanlage, bei welcher der
   Brennstoff verwandt werden soll . . . . . . $\sim\ 68\,^0/_0$
Stündlich zu erzeugende Dampfmenge . . . . ~ 3000 kg
Pro 1 kg Dampf erforderlich . . . . ~ 625 cal
1 kg Kohle wird erzeugen . . . . $\sim\ 7,82$ kg
Stündlich zu verfeuernde Kohlenmenge . . . . ~ 383 kg
Stündlich pro 1 qm sich bildende Rückstandmenge $\sim\ 6,5$ kg
Rostbetriebsdauer . . . .   gut 7 Stunden
Rauchentwickelung . . . .   stark.

Bemerkungen: Der Brennstoff ist gut brauchbar und bis auf die Rauchentwickelung empfehlenswert.

Über die Lagerfähigkeit von Kohlen läßt sich zurzeit a priori nichts bestimmtes aussagen und müssen hier durch Vergleichsversuche entsprechende Erfahrungswerte von Fall zu Fall gesammelt werden, welche für die Beurteilung der Betriebsbrauchbarkeit von großem Werte sind.

Daß der Lagerverlust nicht nur eine Abhängigkeit von der chemischen Konstitution, sondern auch vom mechanischen Gefüge der Kohle ist, versteht sich von selbst und erklärt auch das verschiedene Verhalten von chemisch an sich gleichen Brennstoffen, welche jedoch aus verschiedenen Revieren stammen und hinsichtlich Festigkeit usw. gänzlich verschieden gestaltet sind. So formuliert z. B. Heideprim seine Untersuchungsergebnisse, aus oberschlesischen Kohlen herrührend, wie folgt:

Durch die Lagerung von oberschlesischen Steinkohlen im Freien an der Luft erleiden dieselben während einer rund zwölfmonatigen Lagerzeit einen Verlust an Heizwert, dessen Größe bei Back- und Sinterkohlen 2—3 $^0/_0$ beträgt; bei geringwertigeren Sandkohlen steigt der Verlust bis zu 9 $^0/_0$. Nachteile in bezug auf die Verfeuerung, Ausnutzung, Rückstände treten durch die Lagerung nicht ein, dagegen wird die Rauchentwickelung geringer.

Bei Lagerung der Kohle unter Wasser tritt weder ein Verlust an Heizwert ein, noch ändern sich die sonstigen Eigenschaften der Kohle.

13. Die unvollkommene Verbrennung und die Berechnung der hierbei entstehenden Verluste.

Bei Industriefeuerungen treten, gleichviel welcher Art auch die Feuerungsanlage sei, immer Verluste auf, welche teilweise durch gasförmige Kohlenwasserstoffe — CO, CH_4, C_2H_2 — oder aber durch festen Kohlenstoff und Kohlenwasserstoff als Koks, Ruß, Teer bedingt sind.

Hierbei wechseln die einzelnen Verlust bedeutenden Faktoren sowohl mit der Art des Brennstoffs als auch mit der Form der Feuerungsanlage; eine gasreiche Steinkohle beispielsweise, die auf dem durch Handbeschickung bedienter Planrost große Verluste durch gasförmige und brennbare Bestandteile in den Verbrennungsgasen ergibt, läßt sich auf dem Kettenrost meist nahezu verlustlos verbrennen, soweit gasförmige Körper in Betracht kommen. Oder ein magerer Brennstoff, der auf einem Planrost verbrannt erhebliche Verluste durch Koks in den Rückständen aufweist, läßt sich ohne weiteres ökonomischer verbrennen, wenn der Planrost durch Preßluft angeblasen wird u. a. m.

Stellt man Wärmebilanzen auf, so sind die Verlustquellen, welche aus der unvollkommenen Verbrennung allgemein resultieren, ebenso namentlich anzuführen wie die durch den Luftüberschuß bedingten Verluste durch freie fühlbare Wärme, die im 11. Abschnitt besprochen wurden.

Zur Berechnung der Verluste unvollkommener Verbrennung bei gasförmigen Verlustträgern verfolgt man folgenden Weg.

Man ermittelt den Gehalt an Kohlenoxyd, Methan, Äthylen — selten nachgewiesen — und an Wasserstoff, wie immer in volumprozentiger Zusammensetzung, wobei nebenbei auch Kohlendioxyd und freier Sauerstoff bestimmt wird.

Ferner wird zur Ableitung der Gasmengen die Zusammensetzung des Brennstoffs, wie dieser wirklich zur Verbrennung gelangte, benötigt; man hat also, wie schon früher a. a. O. erwähnt, eine Reduktion der Analyse des Brennstoffs um den Betrag des Brennbarem in den Rückständen vorzunehmen.

Mit dieser korrigierten Brennstoffzusammensetzung ermittelt man die Gasmenge nach vorher besprochenen Verfahren und hat nunmehr neben Gasquantum die Zusammensetzung, welche Daten alle Wärmeinhalte zu berechnen gestatten.

Der Verlust durch feste Körper als Folge einer unvollkommenen Verbrennung setzt sich, wie schon eingangs erwähnt, aus dem Gehalt an Brennbarem in den Rückständen oder aber aus Ruß und Flugstaub-Koks der Verbrennungsgase zusammen; zur rechnungsmäßigen Darstellung bedarf es keiner besonderer Angaben, erwähnt sei nur noch, daß Ruß und Kohlenstaub mit dem Kohlenstoffheizwert allgemein in Rechnung gesetzt werden.

Ein Beispiel beschließe diesen Abschnitt.

Auf einem Planrost wurde folgender Brennstoff verbrannt:

Kohlenstoff	64,9 %
Wasserstoff	4,8 „
Schwefel	1,3 „
Hygroskopisches Wasser	12,9 „
Rückstände	9,6 „
Sauerstoff und Stickstoff als Differenz	6,5 „

Heizwert . . . . 6464 cal
Verfeuertes Brennstoffquantum . . . 4456 kg
Rückständemenge . . . . 526 „

Dieser Brennstoff zerlegt durch Erhitzung ergab:

Koksausbeute . . . . 73,4 %
Gasausbeute . . . . 8,9 „
Teer . . . . 4,8 „
Wasser . . . . 12,9 „

Die Zerlegungsprodukte der trockenen Destillation hatten folgende Zusammensetzung:

	Koks	Teer
Kohlenstoff	82,8 %	—
Wasserstoff	0,6 „	—
Schwefel	0,9 „	—
Hygroskopisches Wasser . . .	0,0 „	—
Rückstände	13,2 „	—
Sauerstoff und Stickstoff	2,5 „	—
Heizwert	6879 cal	7245 cal.

Im Betrieb wurden gewogen 11,80 % Rückstände, deren mittlere Zusammensetzung war:

Kohlenstoff 18,1
Wasserstoff 0,4
Schwefel 0,6
Hygroskopisches Wasser . . . 0,0
Rückstände 80,9
Heizwert . . . . 1431 cal.

Demnach kam im Versuch tatsächlich zur Verbrennung:

C . . . . 62,9 %
H . . . . 4,8 „
S . . . . 1,3 „
H_2O . . . . . 12,9 „
Rückstände . . 12,1 „
$O + N$ . . . . 6,0 „

Die Mittelwerte der Gasuntersuchungen am Verbrennungswert waren:

Kohlendioxyd . . . . 10,3 %
Kohlenoxyd . . . . 1,1 „
Wasserstoff . . . . 0,7 „

$$\text{Methan} \ldots \ldots \ldots \ldots \quad 0{,}3\,{}^0/_0$$
$$\text{Sauerstoff} \ldots \ldots \ldots \quad 7{,}4 \; _{,,}$$
$$\text{Stickstoff als Differenz} \ldots \quad 80{,}2 \; _{,,}$$

Unter Benutzung der im 7. Abschnitt mitgeteilten Formeln erhält man das Gasquantum Vg_v in Kubikmetern pro 1 kg Kohle, wenn man mit C_e den effektiven zur Verbrennung gelangten Kohlenstoff des Brennstoffs und mit R die Rußmenge in Gramm pro 1 cbm Verbrennungsgas bezeichnet:

$$Vg_v = \frac{C_e}{0{,}536 \left(CO_2 + CO + CH_4 + \dfrac{R}{5\,.\,36} \right)}, \qquad (21)$$

der Verlust durch noch brennbare Gase $\mathfrak{B}_u$ in der Kohle ist dann:

$$\mathfrak{B}_u = Vg_v \cdot \frac{3055 \,.\, CO + 8577\, CH_4 + 2561 \,.\, H}{100}. \qquad (22)$$

Der vorher angeführte Brennstoff ergibt mithin 10,03 cbm Verbrennungsgas, wobei das Wasserdampf-Volumen $V_{H_2 O}$ noch außer acht gelassen ist, welches aus dem Ansatz:

$$V_{H_2 O} = \frac{22{,}4\,(9\,H + H_2 O)}{18\,.\,100} \qquad (23)$$

berechnet noch hinzukommen würde, falls man auf eine Einbeziehung der in der zuströmenden Verbrennungsluft enthaltenen Wassermenge verzichten würde; hierin bedeutet H der Wasserstoff und $H_2 O$ der Wassergehalt der Kohle, ersterer nach Korrigierung der in den Rückständen noch enthaltenen Mengen. Diese meist vollkommen genügende Formel kann auch durch die strengere:

$$V_{H_2 O} = \frac{22{,}4 \left(f\,L + \dfrac{H_2 O}{100} + \dfrac{H_k\,9}{100} - \dfrac{H_{vg}\,18}{22} \right)}{18} \qquad (24)$$

ersetzt werden, in welcher $f\,L$ der Feuchtigkeitsgehalt der Luft in g/cbm, $H_2 O$ der Wassergehalt der Kohle, H_k der in der Kohle vorhandene, korrigierte Wasserstoffgehalt, H_{vg} der im Verbrennungsgas enthaltene, freie Wasserstoffgehalt in Kubikmeter bedeutet. Hierzu muß dann aus dem Luftüberschuß und der Brennstoffzusammensetzung auch noch das Verbrennungsluftquantum bestimmt werden, wormit für $f\,L$ die richtigen Werte zu erhalten sind. Für den hier in Betracht stehenden Fall kämen mithin noch 0,698 cbm Wasserdampfgehalt hinzu, so daß man enthält:

$$CO_2 = 10{,}3 \; {}^0/_0 = \; . \; . \; . \; 1{,}033 \; \text{cbm} = 2{,}011 \; \text{kg} = 14{,}6 \; \text{Gew.-Proz.} \; CO_2$$

$$CO = 1{,}1 \; „ = \; . \; . \; . \; 0{,}110 \; „ \; = 0{,}138 \; „ \; = 0{,}9 \; „ \quad CO$$

$$H = 0{,}7 \; „ = \; . \; . \; . \; 0{,}070 \; „ \; = 0{,}006 \; „ \; = 0{,}04 \; „ \quad H$$

$$CH_4 = 0{,}3 \; „ = \; . \; . \; . \; 0{,}030 \; „ \; = 0{,}021 \; „ \; = 0{,}15 \; „ \quad CH_4$$

$$O = 7{,}4 \; „ = \; . \; . \; . \; 0{,}742 \; „ \; = 1{,}061 \; „ \; = 7{,}6 \; „ \quad O$$

$$N = 80{,}2 \; „ = \; . \; . \; . \; 8{,}045 \; „ \; = 10{,}096 \; „ \; = 72{,}7 \; „ \quad N$$

$$+$$

$$Vg_v = 10{,}03 \; \text{cbm} \left.\begin{array}{r} H_2O \\ \text{Dampf} \end{array}\right\{ 0{,}689 \; „ \; = 0{,}561 \; „ \; = 4{,}01 \; „ \quad H_2O$$
(trocken)
$$13{,}894 \; \text{kg} = 100{,}00 \; \text{Gew.-Proz. Verbrennungsgas.}$$

Die mittlere spezifische Wärme bei 325⁰ Temperatur beträgt laut Tabelle IV 0,2539 cal, so daß sich die Verluste:

a) für die unvollkommen verbrannten Bestandteile auf
$$776 \; \text{cal} = 12{,}0 \; {}^0/_0$$

b) für die freie Wärme im Verbrennungsgas auf 1146 „ = 17,7 „

c) für die brennbaren Anteile in den Rückständen $\mathfrak{V}_R$ zu 2,6 „

vom Kohlenheizwert stellen; der zuletzt genannte Verlust wird erhalten aus dem Ansatze:

$$\mathfrak{V}_R = \frac{R_{kg} \cdot H_{wR}}{B \cdot H_{wB}},$$

worin R_{kg} Rückstandmenge in Kilogramm aus dem Versuch, H_{wR} der Heizwert desselben, B die total verfeuerte Brennstoffmenge und H_{wB} der Heizwert ist.

II. Teil.

Die Wärmeverwendung.

Die durch einen Vergasungs-, Entgasungs- und Verbrennungsprozeß freiwerdende Wärmemenge kann in den beiden ersten Fällen durch Verbrennung in Motoren arbeitleistend verwandt werden, in metallurgischen Öfen irgend einen Schmelzprozeß verrichten usw. — Gebiete, welche hier außer acht gelassen sind — oder aber es kann in jeder der angezogenen Reaktionen das resultierende Wärmequantum von entsprechenden Heizflächen zwecks Erzeugung von Wasserdampf in Dampfkesseln, zur Überhitzung desselben in Dampfüberhitzern und endlich zur Vorwärmung des Speisewassers in Vorwärmern zur Anwendung gelangen. Der erzeugte und durch Expansion in Dampfmaschinen oder Turbinen arbeitleistende Dampf, sowie die hierbei auftretenden Vorgänge sind ebenfalls als nicht zur Diskussion stehend unbetrachtet gelassen.

14. Die Wärmeaufnahmefähigkeit und Wärmeverteilung innerhalb einer Dampfkesselheizfläche und der Nutzeffekt der Dampfkesselanlage.

Die Wärmeaufnahmefähigkeit einer Dampfkesselheizfläche hängt von verschiedenen Umständen ab, welche sich, wie folgt, kurz zusammenfassen lassen.

Die günstigsten Eigenschaften des Wärmeträgers liegen in einer hohen Anfangstemperatur — einem hohen pyrometrischen Effekt — und einer möglichst geringen Gasgeschwindigkeit — geringem Luftüberschuß — mit welchem derselbe durch die wärmeaufnehmende Heizfläche fließt, ferner in der großmöglichsten metallischen Reinheit der inneren und äußeren Heizflächenperipherie und endlich in einer möglichst großen Geschwindigkeit des in Dampf zu verwandelnden Wassers, d. h. einer möglichst lebhaften Zirkulation desselben innerhalb der Heizfläche.

Das Maß für die aufgenommene Wärmemenge wird meist in der Anzahl der pro Stunde und 1 qm Heizfläche verdampften Kilogramm Wasser resp. Dampf ausgedrückt. Diese Zahlen sind jedoch nur dann untereinander vergleichbar, wenn die Temperatur des zugeführten Speisewassers und die Gesamtwärme des erzeugten Dampfes gleich sind oder doch wenigstens auf gleiche Basis gebracht werden; als solche gilt für das Speisewasser eine Temperatur von 0^0 C. und für die Gesamtwärme des Dampfes 639,3 cal, entsprechend Dampf von 1 kg Überdruck. Die Einheit ist hier also der in Formel (16) erwähnten analog.

Hat man beispielsweise pro Stunde und Quadratmeter Heizfläche 18 kg Dampf von 13 kg Überdruck, gleich 669,7 cal pro Kilogramm enthaltend, aus Speisewasser von 82^0 C. erzeugt, so erhält man die auf normale Bedingungen reduzierte Heizflächenleistung resp. Beanspruchung nach dem Ansatz

$$\frac{18 \cdot (669,7 - (82)}{639,3}$$

gleich 16,4 kg Dampf von 639,2 cal Erzeugungswärme pro Stunde und Quadratmeter Heizfläche.

Aus der Tabelle Nr. XIII sind die entsprechenden Temperaturen, Wärmeinhalte usw. zu entnehmen.

(Siehe die Tabelle XIII auf S. 74—76.)

Will man diese Zahl nicht in Kilogramm Dampf von je 639,3 cal Erzeugungswärme, sondern in Kalorien selbst angeben, so erhält man in dem vorerwähnten Beispiel:

$$18 \cdot (669,7 - 82) = 10\,579 \text{ cal}$$

pro Stunde und Quadratmeter.

Im dritten Fall endlich wird die von der Heizfläche absorbierte Wärmemenge durch den Wärmedurchgangs- oder Transmissionskoeffizienten k, bezogen auf die mittlere Temperaturdifferenz, ausgedrückt, welcher angibt, wieviel Kalorien pro Stunde, Quadratmeter und 1^0 C. Temperaturdifferenz vom wärmegebenden zum wärmeabsorbierenden Medium aufgenommen wurden. Es kommt hier also nicht nur die Heizflächenleistung in Betracht, sondern es wird auch auf den Temperaturzustand des Wärmeträgers Bezug genommen. Hat man die mittlere Temperaturdifferenz δ_m zwischen wärmegebendem und absorbierendem Körper ermittelt, so ist k in diesem

Fall einfach $\dfrac{Q}{\delta_m}$, wenn mit Q die pro Stunde und Quadratmeter Heizfläche absorbierte Wärmemenge bezeichnet wird. Man hat es in den hier vorkommenden Fällen mit drei Arten des Wärmeaustausches zu tun, und zwar:

1. Wärmeträger und Wärmeaufnehmer fließen sowohl außerhalb wie innerhalb der Heizfläche parallel, d. h. sie liegen im Gleichstrom Gl zueinander.

2. Wärmeträger und Wärmeaufnehmer fließen außerhalb und innerhalb der Heizfläche gegeneinander, also in umgekehrter Richtung, d. h. sie liegen im Gegenstrom Gg zueinander.

3. der Wärmeträger ändert seine Temperatur, der Wärmeaufnehmer hat konstante Temperatur.

Die mittlere Temperatur-Differenz δ_m für diese drei Zustände erhält man nach Grashof als logarithmische Gleichungen für Fall 1 zu:

$$\delta_m\, Gl = \frac{(t_{Vge} - t_{De}) - (t_{Vga} - t_{Da})}{\log \text{nat.}\ \dfrac{t_{Vge} - t_{De}}{t_{Vga} - t_{Da}}}, \tag{25}$$

für Fall 2 zu:

$$\delta_m\, Gg = \frac{(t_{Vge} - t_{Da}) - (t_{Vga} - t_{De})}{\log \text{nat.}\ \dfrac{t_{Vge} - t_{Da}}{t_{Vga} - t_{De}}} \tag{26}$$

und für Fall 3 zu:

$$d_m = \frac{t_{Vge} - t_{Vga}}{\log \text{nat.}\ \dfrac{t_{Vge} - t_{De}}{t_{Vag} - t_{Da}}}. \tag{27}$$

In diesen Formeln bedeutet $t =$ Temperaturen, $V_g =$ Verbrennungsgas, $D =$ Dampf resp. Wasser, $a =$ Austritt, $e =$ Eintritt in die entsprechenden Heizflächen.

Für eine nach dem Gegenstromprinzip wärmeabsorbierende Dampfkesselheizfläche ist z. B. erhalten worden:

$$
\begin{aligned}
t_{Vge} &\ \ldots\ldots\ldots\ 1327^0 \\
t_{Vga} &\ \ldots\ldots\ldots\ 255^0 \\
t_{De} &\ \ldots\ldots\ldots\ 36^0 \\
t_{Da} &\ \ldots\ldots\ldots\ 180^0
\end{aligned}
$$

$$\delta_m = \frac{(1327 - 180) - (255 - 36)}{\log \text{nat.}\ \dfrac{1327 - 180}{555 - 36}} = \frac{928}{\log \text{nat.}\ 5.237} = 561^0.$$

(Fortsetzung des Textes S. 76.)

Tabelle Nr. XIII
für den Wasserdampf nach Prof. Dr. Mollier.

1.	2.	3.	4.	5.	6.	7.	8.	9.	10.
Druck atm. (kg/qcm)	Temperatur	Flüssigkeitswärme	Innere latente Wärme	Äußere latente Wärme	Erzeugungs- oder Gesamtwärme des Dampfes	Volumen von 1 kg Dampf cbm	Gewicht von 1 cbm Dampf kg	Absolute Temperatur	Druck atm. (kg/qcm)
p	t	i'	ϱ	φ	i''	v''	γ''	T	p
0,02	17,3	17,3	553,6	31,91	602,9	68,126	0,014 68	290,3	0,02
0,04	28,8	28,8	546,3	33,15	608,3	35,348	0,028 26	301,8	0,04
0,06	36,0	36,0	541,7	33,92	611,6	24,140	0,041 42	309,0	0,06
0,08	41,3	41,4	538,2	34,49	614,1	18,408	0,054 32	314,3	0,08
0,10	45,6	45,7	535,4	34,94	616,0	14,920	0,067 03	318,6	0,10
0,12	49,2	49,3	533,1	35,32	617,7	12,568	0,079 56	322,2	0,12
0,15	53,7	53,8	530,1	35,79	619,7	10,190	0,098 14	326,7	0,15
0,20	59,8	59,9	526,1	36,42	622,4	7,777	0,128 58	332,8	0,20
0,25	64,6	64,8	522,9	36,92	624,6	6,307	0,158 6	337,6	0,25
0,30	68,7	68,9	520,2	37,34	626,4	5,316	0,188 1	341,7	0,30
0,35	72,3	72,5	517,8	37,70	628,0	4,600	0,217 4	345,3	0,35
0,40	75,5	75,7	515,6	38,02	629,4	4,060	0,246 3	348,5	0,40
0,50	80,9	81,2	512,0	38,56	631,7	3,294 0	0,303 6	353,9	0,50
0,60	85,5	85,8	508,8	39,01	633,7	2,777 0	0,360 1	358,5	0,60
0,70	89,5	89,9	506,1	39,39	635,3	2,404 0	0,416 0	362,5	0,70
0,80	93,0	93,5	503,6	39,73	636,8	2,121 6	0,471 3	366,0	0,80
0,90	96,2	96,7	501,4	40,03	638,1	1,900 3	0,526 2	369,2	0,90

1,0	372,1	0,580 7	1,722 0	639,3	40,30	499,4	99,6	99,1
1,1	374,8	0,634 9	1,575 1	640,7	40,55	497,5	102,3	101,8
1,2	377,2	0,688 7	1,452 1	641,3	40,78	495,7	104,8	104,2
1,4	381,7	0,795 5	1,257 1	643,1	41,18	492,6	109,4	108,7
1,6	385,7	0,901 3	1,109 6	644,7	41,54	489,7	113,4	112,7
1,8	389,3	1,006 2	0,993 9	646,0	41,85	487,1	117,1	116,3
2,0	392,6	1,110 4	0,900 6	647,2	42,14	484,7	120,4	119,6
2,5	399,7	1,368 0	0,731 0	649,9	42,74	479,4	127,7	126,7
3,0	405,8	1,622 4	0,616 3	652,0	43,23	474,9	133,9	132,8
3,5	411,1	1,874 3	0,533 5	653,8	43,65	470,8	139,4	138,1
4,0	415,8	2,123 9	0,470 8	655,4	44,01	467,2	144,2	142,8
4,5	420,1	2,371 6	0,421 7	656,8	44,33	463,9	148,6	147,1
5,0	424,0	2,617 7	0,382 0	658,1	44,61	460,8	152,6	151,0
5,5	427,6	2,862 4	0,349 4	659,2	44,87	458,0	156,3	154,6
6,0	430,9	3,105 8	0,322 0	660,2	45,10	455,3	159,8	157,9
6,5	434,1	3,348 1	0,298 7	661,1	45,32	452,8	163,0	161,1
7,0	437,0	3,589 1	0,278 6	662,0	45,51	450,4	166,1	164,0
7,5	439,8	3,829 4	0,261 1	662,8	45,67	448,2	168,9	166,8
8,0	442,5	4,068 3	0,245 8	663,5	45,86	446,0	171,7	169,5
8,5	445,0	4,307 2	0,232 2	664,2	46,02	443,9	174,3	172,0
9,0	447,4	4,544 8	0,220 0	664,9	46,17	441,9	176,8	174,4
9,5	449,7	4,781 9	0,209 1	665,5	46,30	440,0	179,2	176,7
10,0	451,9	5,018	0,199 3	666,1	46,43	438,2	181,5	178,9
11,0	456,1	5,489	0,182 2	667,1	46,67	434,6	185,8	183,1
12,0	459,9	5,960	0,167 8	668,1	46,88	431,3	189,9	186,9
13,0	463,6	6,425	0,155 65	668,9	47,08	428,2	193,7	190,6
14,0	467,0	6,889	0,145 15	669,7	47,26	425,2	197,3	194,0
15,0	470,2	7,352	0,136 01	670,5	47,43	422,4	200,7	197,2
16,0	473,3	7,814	0,127 97	671,2	47,58	419,7	203,9	200,3
18,0	479,1	8,734	0,114 50	672,4	47,85	414,6	210,0	206,1
20,0	484,3	9,648	0,103 65	673,4	48,08	409,8	215,5	211,3

Noch: Tabelle XIII.

Mittlere spezifische Wärme für die Überhitzung des Wasserdampfes von $t_s{}^0$ auf t^0 nach Knoblauch und Jakob.

$p =$ $t_s =$	1 99	2 120	4 143	6 158	8 169
$t = 100$	0,463	—	—	—	—
150	0,462	0,478	0,515	—	—
200	0,462	0,475	0,502	0,530	0,560
250	0,463	0,474	0,495	0,514	0,532
300	0,464	0,475	0,492	0,505	0,517
350	0,468	0,477	0,492	0,503	0,512
400	0,473	0,481	0,494	0,504	0,512

$p =$ $t_s =$	10 179	12 187	14 194	16 200	18 206	20 211
$t = 100$	—	—	—	—	—	—
150	—	—	—	—	—	—
200	0,597	0,635	0,677	[0,751]	—	—
250	0,552	0,570	0,588	0,609	0,635	0,664
300	0,530	0,541	0,550	0,561	0,572	0,585
350	0,522	0,529	0,536	0,543	0,550	0,557
400	0,520	0,526	0,531	0,537	0,542	0,547

Da nun Q pro Stunde und Quadratmeter hier 7962 cal betrug, erhält man mithin den auf 1^0 Temperaturdifferenz bezogenen Wärmedurchgangskoeffizienten k zu:

$$\frac{7962}{561} = 14{,}2 \text{ cal.}$$

Inwieweit sich die Wärmeaufnahmefähigkeit einer und derselben Dampfkesselheizfläche bei annähernd gleichen Umständen in bezug auf die Temperaturverhältnisse t_e und $t_a\,D$ und bei variablen Temperaturen t_e und $t_a\,V_g$ und wechselnden Verbrennungsgasmengen verhält, zeigen einige an einem Dampfkessel vorgenommene Beobachtungen.

In der Versuchsreihe A hat man es mit durchschnittlich hohen Anfangstemperaturen und kleinem Verbrennungsgasvolumen zu tun, d. h. die Wärmeerzeugung geht mit hohem Nutzeffekt vor sich.

Gegenteilige Verhältnisse liegen in der Versuchsreihe B vor.

Versuchsreihe A.

Versuch Nr.	1	2	3	4	5
Q	4353	4878	7718	7962	9420 cal
t_{Da}	180,2	180,9	181,3	182,1	181,8 ⁰ C.
t_{Vge}	1186	1173	1327	1190	1143 „
t_{Vga}	241	240	255	287	311 „
δ_m	333	331	391	397	420 „
k	13,0	14,7	19,8	20,0	22,4 cal

Versuchsreihe B.

Versuch Nr.	6	7	8	9	10
Q	3782	4569	6469	7654	8068 cal
t_{Da}	179,8	180,2	180,9	180,9	181,2 ⁰ C.
t_{Vge}	935	980	1059	1089	1041 „
t_{Vga}	241	259	272	304	327 „
δ_m	279	313	352	424	400 „
k	13,7	15,4	18,5	20,2	21,6 cal

Betrachtet man ferner das Verhältnis der von der Kesselheizfläche absorbierten Wärmemenge zu der am Heizflächenanfang vorhandenen, so erhält man den Nutzeffekt, mit welchem die Wärmeaufnahme vor sich gegangen ist.

Für die Versuche der eben erwähnten Reihe A und B wurden folgende Werte erhalten:

Versuchsreihe A.

Versuch Nr.	1	2	3	4	5
Am Heizflächenanfang vorhandene Wärmemenge. .	2 166 632	2 409 227	3 693 472	3 915 196	4 729 586 cal
Von der Heizfläche absorbierte Wärmemenge . . .	1 850 377	2 073 205	3 280 127	3 373 923	4 003 373 cal
Nutzeffekt. . . .	84,1	86,1	88,8	86,2	84,6 ⁰/₀

Versuchsreihe B.

Versuch Nr.	6	7	8	9	10
Am Heizflächenanfang vorhandene Wärmemenge . .	2 107 031	2 596 218	3 417 974	4 040 727	4 286 682 cal
Von der Heizfläche absorbierte Wärmemenge . . .	1 597 672	1 942 156	2 749 562	3 253 204	3 429 004 cal
Nntzeffekt . . .	75.8	74,8	80,4	80,5	80,0 %

Das günstigste Verhältnis liegt in diesem Fall demnach, wenn ein hoher Feuerungsnutzeffekt vorhanden ist, bei einem Wärmedurchgang von 7718 cal = 12,1 kg Dampf von je 639,3 cal Erzeugungswärme.

Belastet man die Heizfläche geringer oder stärker, so fällt der Nutzeffekt bis auf 84 % herunter. Bei geringem Nutzeffekt der Feuerungsanlage liegt die beste Wärmeaufnahmefähigkeit der Dampfkesselheizfläche

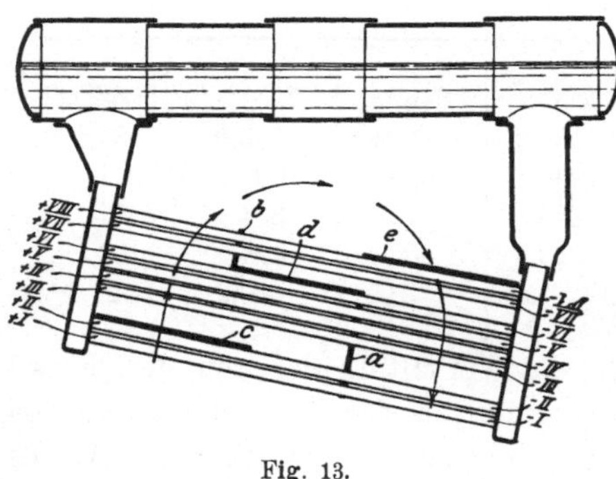

Fig. 13.

ebenfalls bei einem stündlichen Wärmedurchgang von 7654 cal = 12,0 kg Dampf von je 639,3 cal; im ungünstigsten Fall geht hier jedoch der Nutzeffekt bis zu 75 % herunter.

Mithin erhält man für jede Dampfkesselheizfläche bei einem bestimmten und eindeutigen Wärmedurchgang einen maximalen Nutzeffekt derselben, welcher Wert für die Betriebskontrolle wichtig genug ist, um ermittelt zu werden.

Beziehen sich die hier erwähnten Versuche auf einen summarischen Ausdruck für den ganzen Dampfkessel, so ist in der folgenden Untersuchung die Verteilung der Wärmemenge innerhalb einer und derselben Dampfkesselheizfläche klargelegt.

Der zu diesen Untersuchungen benutzte Dampfkessel (Fig. 13) besteht aus acht übereinander liegenden Rohrreihen von 5000 mm

Länge, 95 mm äußerem und 88 mm innerem Rohrdurchmesser; jede
Rohrreihe setzt sich aus zehn nebeneinander liegenden Rohren zusammen. Der Verbrennungsgasweg ist durch zwei senkrecht gegen
die Rohre gerichtete Wände a und b sowie durch drei Abdeckungen c,
d und e gegeben. Die mit einem Pluszeichen versehenen Rohr-
abschnitte liegen vor dem Überhitzer von 36,6 qm Heizfläche, die
mit einem Minuszeichen versehenen dahinter. Zählt man die Rohrreihen und die hiermit gegebene Heizfläche im Sinne des Gasweges,
so erhält man folgende Bezeichnungen und Heizflächenwerte:

Rohrreihe	Heizfläche qm	Summe qm	Summe %
+ I	9,95	9,95	9,0
+ II	9,95	19,90	18,0
+ III	9,95	29,85	27,0
+ IV	9,95	39,80	36,0
+ V	9,95	49,76	45,0
+ VI	9,95	59,71	54,0
+ VII	3,04	62,75	56,7
+ VIII	3,04	65,79	59,4
− VIII	10,78	76,57	69,2
− VII	10,78	87,35	79,0
− VI	3,87	91,22	82,5
− V	3,87	95,09	86,0
− IV	3,87	98,96	89,5
− III	3,87	102,83	93,0
− II	3,87	106,70	96,5
− I	3,87	110,57	100,0

Die Rostfläche zu dieser Heizfläche von 110,6 qm beträgt
3,6 qm.

Die Temperaturen wurden je nach ihrer Höhe mit Thermoelementen nach Holborn und Wien oder mit Quecksilberthermometern
bestimmt. Zur Ermittlung der Temperatur des Wassers innerhalb
der Kesselheizfläche wurden Thermometer durch die Rohrverschlüsse
geführt. Die Geschwindigkeit des in den Rohren umlaufenden
Wassers wurde aus der Beobachtung von Flügelrädern abgeleitet,
für welche die Abhängigkeit der Umlaufzahl von der Menge des
durchfließenden Wassers empirisch festgestellt war (Fig. 29 auf
S. 123).

Es wurde beobachtet:

Versuchsdauer . . . . 8 Std. 44 Min.
Brennstoff, westfälische Förderkohle, Zeche Hagenbeck:

Heizwert . . . . 7186 cal

$$\text{Zusammensetzung} \begin{cases} C & \text{.} \quad\text{.} \quad\text{.} \quad\text{.} \quad\text{.} \quad\text{.} \quad 76{,}5\ ^0/_0 \\ H & \text{.} \quad\text{.} \quad\text{.} \quad\text{.} \quad\text{.} \quad\text{.} \quad 4{,}1\ \text{\textquotedbl} \\ O & \text{.} \quad\text{.} \quad\text{.} \quad\text{.} \quad\text{.} \quad 5{,}4\ \text{\textquotedbl} \\ N & \text{.} \quad\text{.} \quad\text{.} \quad\text{.} \quad 0{,}8\ \text{\textquotedbl} \\ S & \text{.} \quad\text{.} \quad\text{.} \quad\text{.} \quad 0{,}6\ \text{\textquotedbl} \end{cases}$$

Rückstände . . . . 9,0 „
hygroskopisches Wasser . . . . 3,6 „
Luftbedarf für 1 kg Brennstoff . . . . . 9,9 kg
Verbrennungsgasmenge desgl. . . . . . . 10,8 „
verfeuerte Brennstoffmenge . . . . 2992 „
desgl. in 1 Std. . . . . 343 „
desgl. in 1 Std. auf 1 qm Rostfläche . . . 95 „
Wassermenge, verdampft . . . . 24000 „
desgl. in 1 Std. . . . . 2748,0 „
desgl. in 1 Std. auf 1 qm Heizfläche . . . 24,8 „
Temperatur des Wassers . . . . 33,5 ⁰ C.
Dampf, Spannung absolut . . . . 11,9 kg/qcm
Temperatur des überhizten Dampfes . . . 241,4 ⁰ C.
Gesamtwärme des erzeugten Dampfes . . . 691,2 cal
Verdampfungsziffer für 1 kg Brennstoff bei
den Versuchsbedingungen . . . . . . 8,0 kg
Erzeugungswärme für 1 kg Dampf . . . . 657 cal
mit 1 kg Brennstoff in Dampf umgesetzte
Wärmemenge . . . . 5276 „
Verbrennungsgastemperatur am Eintritt in
den Überhitzer . . . . 426 ⁰ C.
desgl. am Austritt aus dem Überhitzer . . 320 „
„ am Ende der Dampfkesselheizfläche . 279 „

Geschwindigkeit des Wassers.

In Rohrreihe	I. . . . . 0,980 m/sek
„	„	II. . . . . 0,597 „
„	„	III. . . . . 0,459 „
„	„	IV. . . . . 0,328 „
„	„	V. . . . . 0,305 „

In Rohrreihe VI. . . . . 0,275 m/sek
  „   „   VII. . . . . . . 0,135 „
  „   „   VIII. . . . . . . 0,033 „

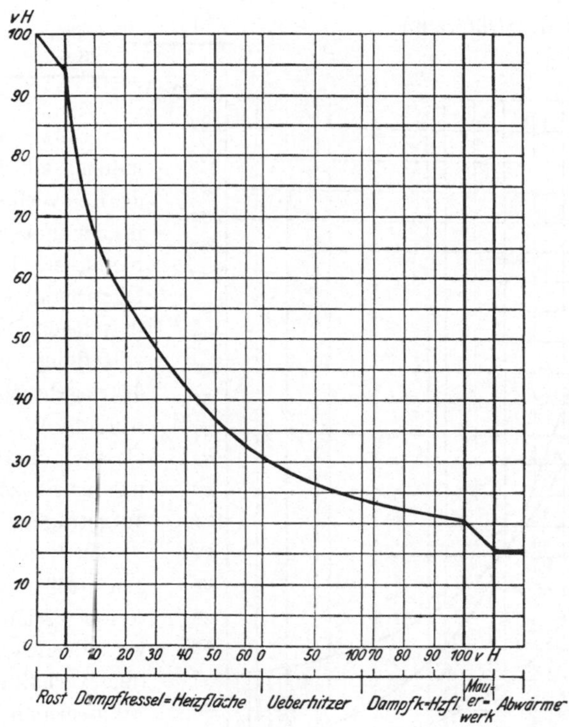

Fig. 14.

Auf Grund dieser beobachteten Werte berechnet sich die Wärmeverteilung innerhalb der Heizfläche wie folgt:

Wärmemenge auf 1 kg Brennstoff bei Meß-
  punkt 2, Eintritt in den Überhitzer . . . 1828 cal $= 25{,}4\,^0/_0$
Desgl. bei Meßpunkt 3, Austritt aus dem Über-
  hitzer . . . . 1322 „ $= 18{,}3$ „
Desgl. bei Meßpunkt 4, Austritt aus der Kesselheizfläche . . . . 1091 „ $= 15{,}1$ „

Die Wärmebilanz stellt sich nunmehr auf Grund dieser Werte wie folgt:

Wärmemenge des Brennstoffes . . .   100,0 %
Von der Heizfläche aufgenommen . .   73,4 %
Abwärmeverlust am Heizflächenende . 15,1 %
Im Mauerwerk und durch Strahlung
    verzehrt (Differenz) . . . . . . 11,5 „
                                                      ‾‾‾‾‾‾‾‾
                                             26,6 „
                                                      ‾‾‾‾‾‾‾‾
                                                      100,0 %

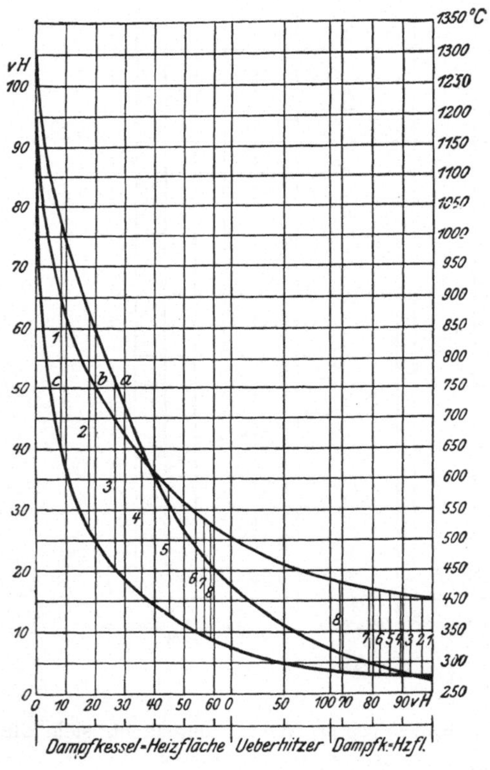

Fig. 15.

Unter der An-
nahme, daß die Hälfte
des Restverlustes allein
in der Feuerung ver-
bleibt, erhält man das
Diagramm (Fig. 14),
in welchem die Wärme-
verteilung zum Aus-
druck gebracht ist. So-
wohl die Wärmemenge
als auch die Heizfläche
ist in Prozentwerten
aufgetragen.

Zu diesen gemesse-
nen Größen sind nun
weiter rechnerisch die
veränderlichen Belas-
tungsverhältnisse, die
Wasserumlaufwerte
und der Wärmeüber-
gang von Rohrreihe
zu Rohrreihe festgelegt
worden. Die Ergeb-
nisse sind einmal so
aufgestellt, daß der
Weg des Verbrennungsgases und die von ihm bestrichene Heizfläche
zugrunde gelegt sind — Fall A —, ferner so, daß sich die oben angeführten Werte auf die ganze Rohrreihe erstrecken — Fall B. Die
einzelnen Beziehungen für den Fall A sind in dem Diagramm (Fig. 15)
dargestellt; der nach der mitgeteilten Wärmebilanz im Mauerwerk
verbleibende halbe Wärmerest ist hier durch Rechnung beseitigt, d. h.

für die folgenden Betrachtungen kommt nur die damit der Heizfläche angebotene Wärmemenge zur Geltung. Heizfläche und Wärmemenge sind im Diagramm wiederum nach Hundertteilen aufgetragen; ferner befindet sich an der rechten Seite des Koordinatensystemes eine Temperaturteilung.

Die Striche mit den Zahlen 1, 2, 3 ... deuten die Rohrreihen $+$ I, $+$ II, ... $-$ II, $-$ I innerhalb der Gesamtheizfläche an.

Kurve a stellt den teilweise extrapolirten Temperaturverlauf, Kurve b im ursächlichen Zusammenhange hiermit den Wärmewert der Verbrennungsgase, bezogen auf 1 kg Brennstoff, Kurve c endlich die Anteilnahme der einzelnen Heizflächenelemente an der Dampferzeugung in Hundertteilen der Gesamtmenge dar.

In der folgenden Zahlentafel bedeutet $\varDelta$ die Temperatur-Differenz zwischen den einzelnen Rohrreihen, Q_W die in 1 Std. auf 1 qm Heizfläche übergegangene Wärmemenge in cal, Q_D den gleichen Wert, ausgedrückt in Kilogramm Dampf von je 637 cal bezw. in Prozent.

Fall A.

	$\varDelta$ ^{0} C.	Q_W cal	Q_D kg	Q_D $^0/_0$
Rohrreihe $+$ I	276	67 680	106,9	100,0
„ II	147	29 833	46,8	43,8
„ III	121	17 907	28,1	26,3
„ IV	108	14 050	22,1	20,6
„ V	91	11 104	17,4	16,3
„ VI	68	8 979	14,1	13,1
„ VII	17	6 832	10,7	10,6
„ $+$ VIII	13	6 564	10,3	9,6
Rohrreihe $-$ VIII	9	2 311	3,6	3,4
„ VII	8	2 000	3,1	2,9
„ VI	6	1 888	3,0	2,8
„ V	8	1 826	2,9	2,7
„ IV	5	1 826	2,9	2,7
„ III	5	1 826	2,9	2,7
„ II	5	1 826	2,9	2,7
„ $-$ I	5	1 826	2,9	2,7

Fall B.

		Q_D	
		kg	$^0/_0$
Rohrreihe	I	78,0	100,0
„	II	34,5	44,2
„	III	31,0	39,8
„	IV	16,7	21,3
„	V	13,3	16,9
„	VI	10,3	13,2
„	VII	4,8	6,1
„	VIII	4,8	5,6

Die durch Versuch bestimmte mittlere Geschwindigkeit des Wassers in den einzelnen Rohrreihen erlaubt weiter, unter Benutzung des Wertes Q_D die Umlaufgrößen c zu berechnen, welche angeben, wie oft eine Gewichteinheit Wasser durch die Heizfläche fließen muß, ehe sie in Dampf übergeführt wird. Darüber gibt die folgende Zusammenstellung Auskunft, in der v die Wassergeschwindigkeit, w die sekundlich durch eine Rohrreihe fließende Wassermenge, w_1 endlich die auf 1 qm Holzfläche stündlich durchströmende Wassermenge bedeutet.

		v m/sek	w kg/sek	w_1 kg/st	c
Rohrreihe	I	0,980	59,6	16 020	205
„	II	0,597	36,3	9 432	273
„	III	0,459	27,9	7 272	234
„	IV	0,328	19,9	5 184	310
„	V	0,305	18,5	4 824	361
„	VI	0,275	16,7	4 356	459
„	VII	0,135	8,2	2 124	442
„	VIII	0,033	2,0	504	114

Durch Messung der Temperatur des umlaufenden Wassers ist weiter festgestellt worden, daß das Wasser am vorderen Teil der Heizfläche nur rund 2° C. wärmer als am hinteren Teil ist.

Hiernach hat man folgendes: Der Wärmegeber V_g ändert seine Temperatur von V_{ge} bis V_{ga}, der Wärmeaufnehmer D hat unveränderte Temperatur, $D_e = D_a$; der mittlere Temperaturunterschied δ_m zwischen V_g und D berechnet sich demnach nach Formel (27) zu:

$$\delta_m = \frac{t_{Vge} - t_{Vga}}{ln\left(\dfrac{t_{Vge} - t_{De}}{t_{Vga} - t_{Da}}\right)},$$

oder, wenn $\varDelta\alpha$ und $\varDelta\beta$ die Temperaturunterschiede zwischen V_g und D am Eintritt und Austritt sind, zu:

$$\delta_m = \frac{\varDelta\alpha - \varDelta\beta}{ln\left(\dfrac{\varDelta\alpha}{\varDelta\beta}\right)}.$$

Die mittleren Temperaturunterschiede und die Wärmedurchgänge k pro $st.$, Quadratmeter und 1^0 Temperaturunterschied zwischen Wärmegeber und Wärmeaufnehmer stellen sich demnach wie folgt:

Fall A.

	δ_m ^{0} C.	k cal	$^0/_0$
Rohrreihe + I	1 244	54,5	100,0
„ II	995	29,9	55,4
„ III	823	21,7	40,0
„ IV	658	21,3	39,2
„ V	535	20,7	38,1
„ VI	436	20,6	37,8
„ VII	416	16,6	30,6
„ + VIII	400	16,4	30,1
Rohrreihe — VIII	184	12,5	23,0
„ VII	156	12,8	23,1
„ VI	145	13,0	23,3
„ V	140	13,0	23,3
„ IV	136	13,4	24,6
„ III	133	13,7	24,8
„ II	127	14,2	26,2
„ — I	119	15,2	27,5

Fall B.

	k	
	cal	%
Rohrreihe I	40,3	100,0
„ II	25,5	70,5
„ III	19,4	36,5
„ IV	19,3	33,5
„ V	18,4	31,1
„ VI	18,2	28,1
„ VII	13,9	13,8
„ VIII	13,4	3,4

Wassergeschwindigkeit und Wärmedurchgangszahl sind annähernd gleich, wenn man die prozentualen Werten hierfür als Maß der Verteilung innerhalb der Heizfläche angibt, was die Wahrscheinlichkeit der gerechneten Werte sehr groß erscheinen läßt. Man erhält:

	V	K
	%	%
Rohrreihe I	100	100
„ II	61	70
„ III	47	36
„ IV	33	33
„ V	31	31
„ VI	28	28
„ VII	14	14
„ VIII	3	3

Die Ursache für die Verschiedenheit der k-Werte liegt in der Größe des Temperaturgefälles. Wird die Temperatur des Wassers im Mittel zu 187° C. angenommen, so erhält man folgende mittlere Temperaturen t_{Vg} des Wärmegebers und Temperaturunterschiede t_{Δ} gegenüber dem Wärmeaufnehmer:

	t_{Vg}	t_{Δ}
	° C.	° C.
Rohrreihe I	813	626
„ II	709	522
„ III	619	432
„ IV	547	360
„ V	483	296
„ VI	436	249
„ VII	340	153
„ VIII	344	157

Es ergibt sich demnach allgemein, daß die Wärmedurchgangszahl k annähernd proportional mit der Zunahme des Temperaturunterschiedes gegenüber dem Wärmeaufnehmer wächst, eine Tatsache, die sich bei einer ganzen Anzahl von Untersuchungen immer wieder herausgestellt hat. Ferner wird durch den mitgeteilten Versuch bewiesen, daß der Wert der Heizfläche hinsichtlich Dampfleistungsfähigkeit außerordentlich verschieden ist, und daß ziemlich beträchtliche Anteile derselben von sehr untergeordneter Bedeutung sind, welche besser durch Wärmeaufnehmer ersetzt werden, die ein größeres Temperaturgefälle, z. B. bei Vorwärmern, ergeben.

Bei gleichem Wärmeträger und gleicher Heizfläche nimmt ferner, wie in der Einleitung zu diesem Abschnitt erwähnt, die Wärmeaufnahmefähigkeit mit der Verstärkung des Wasserumlaufes zu. Ausschlaggebend hierfür ist neben der Verteilung der Heizfläche innerhalb der Wege des Wärmeträgers die Bemessung der Querschnitte, welche das Dampf-Wassergemisch zu- und abzuführen haben. Es sind verschiedene Vorrichtungen bekannt, die den natürlichen Umlauf zur Vergrößerung der Wärmeaufnahmefähigkeit verstärken sollen, so z. B. die Dubiau-Rohrpumpe. Durch die weiter unten ausgeführten Versuche ist erwiesen, daß diese Vorrichtung den Umlauf bei richtig gewählten Querschnitten nicht nennenswert erhöht, jedenfalls nicht in dem Maße, daß eine Wärmeersparnis sicher nachgewiesen werden könnte. Wenn nun scheinbar doch ein größerer Nutzeffekt der Dampferzeugungsanlage vorhanden ist, so rührt dies von der vermehrten Tätigkeit der Überhitzerheizfläche, nicht aber von der größeren Wärmeaufnahmefähigkeit der Dampfkesselheizfläche selbst her. Zu dem tritt eine erkennbare Wirkung erst bei hoher Belastung der Heizfläche auf.

Die Versuchsanlage weist folgende Verhältnisse auf:

	Versuch I und II	Versuch III und IV
	qm	qm
Rostfläche	6,67	8,25
Heizfläche des Dampfkessels	305	310
Heizfläche des Überhitzers	80	100

Um den Wärmeübergang auf 1° C. mittleren Temperaturunterschied zu berechnen, sind folgende Wege eingeschlagen worden (auch für die Versuche V und VI gültig).

1. Die nicht gemessene Anfangstemperatur ist auf Grund der Angaben der Wärmebilanz berechnet worden. Hieraus wurde der Nutzeffekt des Verbrennungsvorganges in der Weise abgeleitet, daß der halbe Betrag der Restwärme mit dem gemessenen Verlust durch brennbaren Stoff in den Herdrückständen vom Heizwert des Brennstoffes abgezogen ist. Durch Proberechnung ist dann unter Berücksichtigung der veränderlichen spezifischen Wärme der gastörmigen Bestandteile die Anfangstemperatur ermittelt worden; erfahrungsgemäß dürfte sie der wahren Temperatur bis auf wenige Grade gleichkommen.

2. In bezug auf die Temperaturverhältnisse innerhalb der Dampfkesselheizfläche sind die gleichen Bedingungen wie bei Versuch I hergestellt worden, d. h. der Wärmeaufnehmer hat innerhalb der Heizfläche gleichbleibende Temperatur. Für den mittleren Temperaturunterschied innerhalb der Dampfkesselheizfläche allein, ohne Berücksichtigung des Überhitzers, wurde das Verbrennungsgas-Temperaturgefälle vom Eintritt bis zum Austritt aus dem Überhitzer zur Endtemperatur der Kesselheizfläche gezählt.

3. Die Überhitzerheizflächen (s. Abschnitt 14) liegen zur Hälfte im Gleich-, zur Hälfte im Gegenstrom mit dem Wärmeträger. Der mittlere Temperaturunterschied δ_m ist hier unter Beibehaltung der vorher angegebenen Bezeichnungen berechnet worden nach dem Ansatz:

$$\delta_m = \frac{\left(t_{Vge} - \dfrac{t_{Da} + t_{De}}{2}\right) - \left(t_{Vga} - \dfrac{t_{Da} + t_{De}}{2}\right)}{\log \text{nat.} \left[\dfrac{t_{Vge} - \dfrac{t_{Da} + t_{De}}{2}}{t_{Vga} - \dfrac{t_{Da} + t_{De}}{2}}\right]}.$$

Die Ergebnisse der Beobachtungen sind in der folgenden Zusammenstellung niedergelegt.

(Siehe die Tabelle auf S. 90 und 91.)

Aus den Versuchen I und II ist eine Vermehrung der Wärmeaufnahmefähigkeit durch die vermehrte Wasserbewegung, hervorgerufen durch die Rohrpumpe, nicht erkennbar. Die Verhältnisse innerhalb der Gesamtheizfläche sind annähernd unverändert.

Andere Ergebnisse haben jedoch die Versuche III und IV. Scheinbar aus Anlaß des durch die Rohrpumpe künstlich vermehrten Umlaufes ist die Wärmeaufnahmefähigkeit so gestiegen, daß immerhin trotz etwas höherer Belastung rd. 4,3 % mehr Wärmeausbeute als sonst vorhanden sind. Aber dieser tatsächlich größere Effekt ist ja nur scheinbar der durch die Rohrpumpe erhöhten Umlaufbewegung entsprungen, · und in Wahrheit hat diese Vorrichtung nur sehr viel nasseren Dampf geliefert, der in dem reichlich bemessenen Überhitzer überhitzt wurde. Würde der erzeugte Dampf mit seiner der Kesselheizfläche entsprechenden Beschaffenheit in Rechnung gezogen, so hätte man keine größere, sondern wahrscheinlich viel eher eine kleinere Wärmeausbeute. Nimmt man bei Versuch III und IV für den Eintritt des Dampfes in den Überhitzer vergleichsweise trocken gesättigten Zustand an, so beträgt bei dem geringeren Temperaturunterschied in Versuch III (158 ° C.) der Wärmeübergangswert 35,6 cal, während er sich bei Versuch IV mit dem viel höheren mittleren Temperaturunterschied (279 ° C.) nur auf 20,6 cal stellt. Neben diesen auf außerordentlich viel nasseren Dampf hinweisenden Umständen hat man ferner:

	Versuch III	IV
	cal	cal
Verbrennungsgaswärme auf 1 kg Brennstoff, im Überhitzer aufgenommen	1200	901
Überhitzungswärme im Dampf auf 1 kg Brennstoff	521	511
Unterschied zwischen Wärmeträger und -aufnehmer für 1 kg Dampf	94	59

Es ist nun die Annahme berechtigt, daß in beiden Fällen der Nutzeffekt des Dampfüberhitzers der gleiche ist. Man hat also in Versuch III sehr viel mehr Aufdampfarbeit als in Versuch IV anzunehmen, d. h. es ist wesentlich nasserer Dampf von der Kesselheizfläche erzeugt worden. Mithin ist die durch diese künstliche Umlaufvermehrung scheinbar hervorgerufene positive Wirkung nicht vorhanden; wohl aber kann — wie in diesem Fall — eine noch nicht voll belastete Überhitzerheizfläche vereinigt mit der Umlaufvorrichtung ein positives, d. h. wärmeersparendes Ergebnis zeitigen.

Ein weiterer Versuch soll beweisen, wie weit die Leistungsfähigkeit eines Dampfkessels sowohl nach der quantitativen als auch nach der qualitativen Seite hin vergrößert werden kann, wenn man in konsequenter Anlehnung an die auf S. 87 ausgesprochenen Grundsätze dafür Sorge trägt, daß das Temperaturgefälle zwischen Wärmeträger und Wärmeaufnehmer möglichst innerhalb der Heizflächen maximal gestaltet wird. Der Wasserrohrkessel und die Feuerungs-

		Natür-licher Wasser-umlauf	Umlauf, vermehrt durch Rohrpumpe		Natür-licher Wasser-umlauf
Versuch Nr.		I	II	III	IV
Versuchsdauer		10 Std. 5′	10 Std. 17′	10 Std. 24′	10 Std. 11′
Brennstoff-Zusammensetzung C	%	77,49	76,20	78,04	76,54
H	″	4,32	4,39	4,31	4,22
O	″	5,39	6,55	4,02	3,81
N	″	0,81	0,90	0,84	0,93
S	″	1,12	0,74	0,61	0,70
Rückstände	″	8,41	8,96	9,50	10,80
Hygroskopisches Wasser	″	2,45	2,26	2,68	3,00
Heizwert	cal	7 388	7249	7455	7344
Verfeuerte Brennstoffmenge	kg	7 747	8 054	11 242	11 500
″ ″ in 1 Std. auf 1 qm Rostfläche	″	114	117	131	131
Wassermenge, verdampft	″	54 828	55 375	80 936	75 745
″ ″ in 1 Std. auf 1 qm Heizfläche	″	17,8	17,6	25,1	24,0
Temperatur des Wassers	º C.	22,3	16,0	19,3	17,5
Dampf, Spannung absolut	kg/qcm	14,4	14,9	15,0	14,7
Temperatur des überhitzten Dampfes	º C.	320	324	331	339
Gesamtwärme des erzeugten Dampfes	cal	732,8	735,0	739,0	744,0

Verdampfungsziffer bei den Versuchsbedingungen	..	7,07	6,87	7,20	6,58
Mit 1 kg Brennstoff in Dampf umgesetzte Wärmemenge	„	5 023	4 939	5 182	4 788
Verbrennungsgastemperatur am Eintritt } aus dem {	⁰ C.	485	482	572	661
„ „ Austritt } Überhitzer {	„	369	365	330	449
„ „ Ende der Dampfkessel-heizfläche	„	355	354	309	376
CO_2-Gehalt der Verbrennungsgase in Raumprozenten	⁰/₀	11,8	12,8	11,8	13,1
O- „ „ „ „ „	„	8,1	6,8	7,6	6,4
Luftüberschuß	„	1,62 fach	1,48 fach	1,57 fach	1,44 fach
Verbrennungsgaswärmemenge { Eintritt } Überhitzer {	cal			2 648	2 726
auf 1 kg Brennstoff { Austritt } {	„			1 448	1 825
{ Austritt Kesselheizfläche	„	1 528	1 418	1 251	1 406
Mittlerer Temperaturunterschied innerhalb der Kesselheizfläche	⁰ C.	755	750	640	676
Aufgenommene Wärmemenge in 1 Std. auf 1 qm	cal	11 471	11 449	16 248	15 567
Wärmeübergangszahl k für 1 Std., 1⁰ C. und 1 qm	„	15,2	15,2	25,3	23,1
Mittlerer Temperaturunterschied innerhalb der Überhitzerheizfläche	⁰ C.			158	279
Aufgenommene Wärmemenge in 1 Std. auf 1 qm	cal			5 634	5 773
Wärmeübergangszahl k für eine Std.. 1⁰ C. und 1 qm	„			35,6	20,6
Wärmebilanz:					
Von der Gesamtheizfläche aufgenommen	⁰/₀	68,0	66,6	69,4	65,2
Wärmeinhalt des Verbrennungsgases am Heizflächenende	„	21,4	19,6	16,7	19,1
Wärmemenge im Unverbrannten der Herdrückstände	„	2,2	3,1	1,0	1,3
Differenz: Leitung, Strahlung und Wärmeinhalt des Kessel-mauerwerkes	„	8,4	10,7	12,9	14,4

anlage, Kettenrost, von L. & C. Steinmüller-Gummersbach (Fig. 16),
sowie der gußeiserne Vorwärmer wiesen folgende Abmessungen auf:

Rostfläche . . . . 10,9 qm
Dampfkesselheizfläche . . . . 290 „
Überhitzerheizfläche . . . . 110 „
Vorwärmerheizfläche . . . . 320 „

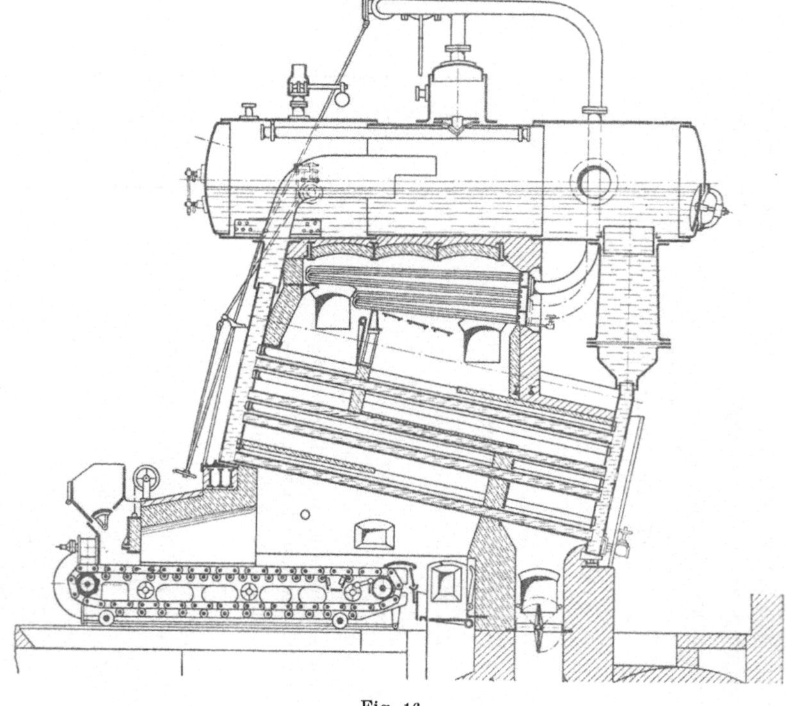

Fig. 16.

Beobachtet wurde:

Versuchsdauer	8 Std. 5′
Kohle verfeuert insgesamt . . . . kg	11 264
Desgl. pro Stunde . . . . kg/st	1 393
Desgl. auf 1 qm Rostfläche . . . . „	128
Wasser, verdampft insgesamt . . . . . . kg	96 680
Desgl. pro Stunde . . . . kg/st	11 960

Wasser auf 1 qm Heizfläche	kg/st	**41,2**
Temperatur, Eintritt Vorwärmer	⁰ C.	31
„ Austritt „	„	116
Dampf, Überdruck	at	14,4
Entsprechende Temperatur	⁰ C.	198,5
Entsprechender Wärmeinhalt	cal/kg	667,0
Temperatur des überhitzten Dampfes	⁰ C.	393
Überhitzung über die Sättigungstemperatur	„	195
Spez. Wärme des überhitzten Dampfes	cal	0,53
Wärmemenge durch die Überhitzung	cal/kg	103,3
Gesamtwärme des erzeugten Dampfes	„	770
Erzeugungswärme des Dampfes	„	739
Betriebsverdampfungszahl	kg	8,58
Desgl. auf normale Erzeugungswärme umgerechnet	„	9,95
Auf 1 kg Brennstoff im Dampf nachgewiesene Wärmemenge	cal/kg	6 340

Zusammensetzung des Verbrennungsgases:

a) Heizflächen Ende Kessel	CO_2	Raumteile	12,2
	O	„	7,5
	N	„	80,3
b) Heizflächen Ende Vorwärmer	CO_2	„	11,3
	O	„	8,3
	N	„	80,4
Temperatur der Verbrennungsluft		⁰ C.	17

Temperatur des Verbrennungsgases:		
Austritt Kessel	„	408
„ Vorwärmer	„	181
Zug über Rost	mm	4
Desgl. am Kesselende	„	23
Desgl. Eintritt } Vorwärmer {	„	28
Desgl. Austritt	„	31
Zugunterschied Kessel	„	19
Desgl. Vorwärmer	„	3

	cal	%
Wirkungsgrad der Gesamtanlage	6340	83,8
Abwärmeverlust in den Verbrennungsgasen	770	10,2
Rest für Strahlung und Leitung und Brennbares in den Rückständen	457	6,0
	7567	100,0

Verfeuert wurde hierbei eine Ruhrfettkohle, Sortierung Nuß IV, folgender Zusammensetzung:

Kohlenstoff, C	$^o/_o$	80,54
Wasserstoff, H	„	4,22
Schwefel, verbrennlicher, S	„	0,86
Wasser, H_2O	„	3,28
Rückstände	„	6,08
Sauerstoff und Stickstoff, $O + N$	„	5,02
Heizwert, kalorimetrisch ermittelt cal/kg		7567

Mit diesen beobachteten Daten läßt sich nun folgende Wärmebilanz, welche auch auf die Anteile der einzelnen Heizflächen eingeht, berechnen:

	cal	$^o/_o$
Wärmeaufnahme:		
Kessel	5611	—
Vorwärmer	729	—
Zusammen:	6340	83,8
Abwärmeverlust	770	10,2
Strahlungs- und Leitungswärme, Brennbares:		
Kessel	299	—
Vorwärmer	227	—
Zusammen:	526	—
Abzug Luftwärme	69	—
Restverlust	457	6,0
Zusammen:	7567	100,0

Als Vergleichswerte für die in der Stunden- und Flächeneinheit übergegangenen Wärmemengen ergeben sich dann:

	kg/st	cal/st
Kesselheizfläche	41,2	22 701
Überhitzerheizfläche	117,8	12 169
Vorwärmerheizflächen	37,4	3 179

Die Leistungen sind, trotzdem die Kesselkonstruktion analog der des Versuchs auf S. 78 u. f. ist, ungleich höhere als die früher mitgeteilten, und zwar durch Herbeiführung großer Temperatur-Differenzen im oben erwähnten Sinne.

Dieselben Verhältnisse liegen dann auch bei anderen Kesselkonstruktionen vor und es erübrigt sich deshalb, hierauf nochmals und besonders einzugehen.

Die Abhängigkeit der Wärmeaufnahmefähigkeit einer Heizfläche von der Art des Wärmeträgers ist rechnerisch in bezug auf die Temperaturen schon auf S. 52 nachgewiesen worden; hierbei stellt sich heraus, daß die Zusammensetzung des Verbrennungsgases von Einfluß ist auf den Anteil, der von einer und derselben Dampfkesselheizfläche aufgenommen wird. Man erhält den Satz, daß bei gleichen Zustandsbedingungen des Wärmeaufnehmers, aber verschiedenartig znsammengesetztem Wärmeträger verschiedene große Anteile absorbiert werden, welche bedingt sind durch das verschieden große Temperaturgefälle. Hierfür kommen, wie a. a. O. nachgewiesen, bezüglich des Wärmeträgers, des Brennstoffs, zwei Umstände namentlich in Frage, einmal seine Beschaffenheit, sodann die damit zusammenhängende Beschaffenheit der Verbrennungsgase. Der Nutzeffekt des Wärmeerzeugungsvorganges wird einmal bei gleichem Luftüberschuß um so höher sein, je geringer der Gehalt an Rückständen des verwandten Brennstoffes, d. h. je kleiner der Anteil der an diese gebundenen, für die Kesselheizfläche verlorenen Wärme ist. Betrachtet man ferner die spezifischen Wärmen der Verbrennungsgasbildner, so fällt die hohe spezifische Wärme des Wasserdampfes hier besonders ins Gewicht. Bei gleichem Nutzeffekt des Wärmeerzeugungsvorganges und gleichem Brennstoff wird man eine um so kleinere Anfangstemperatur erhalten, je mehr Wasserdampf im Wärmeträger vorhanden ist; weiter ist die Wärmekapazität dieses Gases bei gleicher Endtemperatur bedeutend größer als bei einem Wasserdampf in geringeren Mengen enthaltenden Wärmeträger.

Aus den unten mitgeteilten Versuchen I und II ist eine Bestätigung dieser gesetzmäßigen Beziehungen erkennbar. Der Brennstoff in Versuch I ist kohlenwasserstoffreich und enthält wenig Rückstände, der Brennstoff in Versuch II ist gasarm und besitzt fast die doppelte Rückstandmenge. Der Nutzeffekt wird hier namentlich durch den zuerst angeführten Umstand beeinflußt; es sei erwähnt, daß der zu zweit angeführte insbesondere bei aus Braunkohlen stammenden Wärmeträgern (sehr hoher Wasserdampfgehalt) auftritt und später noch besonders gezeigt werden soll.

Es wurde beobachtet:

		I	II
Versuch Nr.		I	II
Versuchsdauer		10 Std. 6′	10 Std. 15′
Brennstoff-Zusammensetzung $\begin{cases} C \\ H \\ O \\ N \\ S \end{cases}$	$^0/_0$	74,89	76,92
	″	4,98	4,24
	″	7,59	5,37
	″	1,03	0,94
	″	1,40	1,21
Rückstände	″	5,30	9,22
Hygroskopisches Wasser	″	4,81	2,10
Heizwert	cal	7 445	7 304
Verfeuerte Brennstoffmenge	kg	7 856	8 500
″ ″ in 1 Std. auf 1 qm Rostfläche	″	116	123
Wassermenge, verdampft	″	60 996	59 093
″ ″ in 1 Std. auf 1 qm Heizfläche	″	19,8	18,9
Dampf, Spannung absolut	kg/qcm	14,54	14,43
Temperatur des überhitzten Dampfes	^{0} C..	312	325
Gesamtwärme des erzeugten Dampfes	cal	728,4	736,1
Verdampfungszahl hei den Versuchsbedingungen	″	7,76	6,95
Erzeugungswärme für 1 kg Dampf	″	716,0	715,5
Mit 1 kg Brennstoff in Dampf umgesetzte Wärmemenge	″	5 563	4 972
Verbrennungsgastemperatur am Eintritt ⎱ aus dem ⎰	^{0} C.	471	494
Austritt ⎰ Überhitzer ⎱	″	360	379
Ende der Dampfkesselheizfläche	″	323	355
Aufgenommene Wärmemenge pro Stunde und 1 qm: beim Kessel	cal	9 011	8 922
″ Überhitzer	″	4 945	5 044
Wärmebilanz: Von der Gesamtheizfläche aufgenommen	$^0/_0$	74,7	68,1
Verlust durch freie Wärme in den Verbrennungsgasen am Heizflächenende	″	18,6	21,1
Desgl. durch Brennbares in den Rückständen	″	0,3	3,9
″ ″ Leitung usw. als Differenz	″	6,4	6,9

Trotz gleicher Kesselanlage, gleicher Belastung der Heizflächen sind ungleiche Wärmeausnutzungen vorhanden aus dem vorerwähnten Grunde, die hier eine Funktion der Zusammensetzung des Wärmeträgers sind.

Die ganz besondere Beachtung, welche sehr nasse Brennstoffe, z. B. erdige Braunkohlen, als Feuerungsmaterial beanspruchen, sind

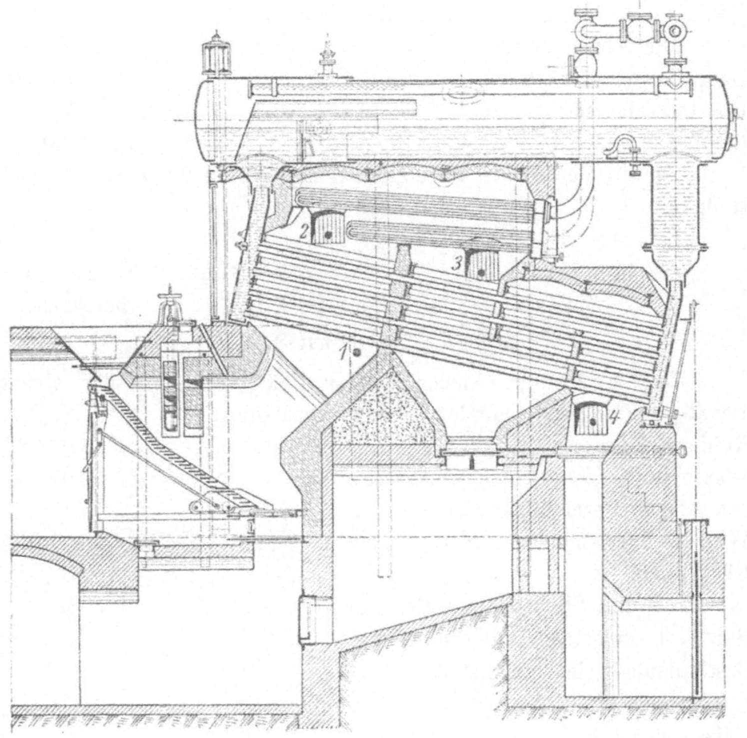

Fig. 17.

allein in dem sehr hohen Wassergehalt zu suchen, der in den Verbrennungserzeugnissen, also dem Wärmeträger, einmal eine höhere Anfangstemperatur nicht zulassen und ferner irgend einer Einheit bei gegebener Temperatur einen größeren Wärmeinhalt verleihen, als man durchschnittlich hierfür anzunehmen geneigt ist. Die Dampfkesselheizfläche, der Wärmeaufnehmer, wird nun, wie schon erwähnt, in erster Linie allein durch das Temperaturgefälle ohne

Rücksicht auf den Wärmeinhalt des Wärmeträgers beeinflußt; und aus diesen eigenartigen Zustandsbedingungen bei Verwendung von nassen Brennstoffen ergeben sich Verhältnisse, die ohne weiteres auf Dampfkessel mit Steinkohlenbefeuerung usw. nicht übertragen werden können.

Nachfolgende Versuche, welche auf diesen Umstand besonders eingehen, sind an dem in Fig. 17 abgebildeten Wasserrohrkessel von L. & C. Steinmüller, welcher eine Treppenrostfeuerung von Keilmann & Völker hat, ausgeführt worden.

Die Abmessungen sind folgende:

Dampfkesselheizfläche	267 qm
Überhitzerheizfläche	87,8 „
Rostfläche	10,0 „

Die in der Figur abgebildeten Meßpunkte 1—4 weisen auf:

Meßpunkt 1 = 0 qm Kesselheizfläche.

„ 2 = 94 „ „

„ 3 = 94 „ „ und 87,8 qm } Überhitzer-

„ 4 = 267 „ „ „ 87,8 „ } heizfläche.

(Siehe die Tabelle auf S. 99.)

Der Brennstoff, Niederlausitzer Roh-Braunkohle der Grube Renate, hat folgende mittlere Zusammensetzung:

Kohlenstoff, C	25,99 %
Wasserstoff, H	2,07 „
Schwefel, verbrennlicher, S	0,19 „
Wasser, hygroskopisch, H_2O	58,10 „
Rückstände	2,37 „
Sauerstoff und Stickstoff als Rest, $O + N$	11,28 „
Heizwert, kalorimetrisch ermittelt	2019 cal

Beschaffenheit des Brennstoffes:

Koksausbeute	21,7 %
Teerausbeute	2,8 „
Gaswasser	62,9 „
Gasmenge als Rest	12,6 „

Das Verbrennungsgas bestimmt sich zu:

Mittlerer relativer Feuchtigkeitsgehalt der Luft	70 %
1 kg Verbrennungsluft enthält Wasserdampf	0,02 kg
Spezifische Wärme der Luf cp_m auf 1 kg	0,239 cal
Theoretisch zur Verbrennung von 1 kg Brennstoff nötige Luftmenge	3,31 kg
Daraus sich ergebende Menge der Verbrennungsgase	4,28 „

Beobachtet wurde:

Versuch Nr.		I	II
Versuchsdauer		8 Std. 4′	8 Std. 8′
Kohlen, verfeuert insgesamt	kg	19 900	26 800
Desgl. für 1 Std. und 1 qm Rostfläche	„	247	329
Wasser, verdampft insgesamt	„	41 324	51 091
Desgl. für 1 Std. und 1 qm Heizfläche	„	19,2	23,6
Desgl Temperatur	^{0} C.	36,4	37,2
Dampf, Überdruck	kg	12,8	12,6
Temperatur des überhitzten Dampfes	^{0} C.	356	383
Gesamtwärme des erzeugten Dampfes	cal	752,2	766,7
Erzeugungswärme des Dampfes	„	715,8	729,5
Betriebsverdampfungsziffer	kg	2,08	1,90
Desgl. auf 1 kg Brennstoff im Dampf nach-gewiesene Wärmemenge	cal	1 489	1 386
Zusammensetzung des Verbrennungsgases:			
CO_2	$^0/_0$	12,7	12,1
O	„	6,8	7,2
N als Rest	„	80,4	80,7
Temperatur der Verbrennungsluft	^{0} C.	27	31
Temperatur des Verbrennungsgases:			
Meßpunkt 1	„	1 046	1 032
„ 2	„	557	610
„ 3	„	436	481
„ 4	„	256	286
Zug am Ende der Heizfläche	mm	12,2	20,2
Desgl. am Anfang	„	5,9	10,6
Zugunterschied innerhalb der Gesamtheizfläche	„	6,3	9,6
Wirkungsgrad der Dampfanlage	cal	1 489	1 386
Abwärmeverlust in den Verbrennungsgasen	„	391	455
Rest für Strahlung und Leitung	„	139	178
Zusammen:	„	2 019	2 019
Wirkungsgrad der Dampfanlage	$^0/_0$	73,7	68,6
Abwärmeverlust in den Verbrennungsgasen	„	19,4	22,5
Rest für Strahlung und Leitung	„	6,9	8,9
Zusammen:	„	100,0	100,0

Die Wärmebilanz, die sich mit diesen Daten errechnen läßt, zeigt folgendes Bild.

Versuch Nr.	I Verlust cal	%	I Gewinn cal	%	II Verlust cal	%	II Gewinn cal	%
Im Brennstoff vorhanden	—	—	2019	—	—	—	2019	—
In der Verbrennungsluft zugeführt	—	—	32	—	—	—	37	—
Gesamte Wärmemenge	—	—	2051	100,0	—	—	2056	100,0
α) Wärmeerzeugungsvorgang:								
Am Heizflächenanfang vorhanden	—	—	1985	96,8	—	—	1997	97,2
Verluste durch Unverbranntes, Strahlung	66	3,2	—	—	59	2,8	—	—
β) Wärmeverbrauchsvorgang:								
Von der Dampfkesselheizfläche aufgenommen	—	—	1286	62,7	—	—	1166	56,7
Vom Überhitzer aufgenommen	—	—	203	9,9	—	—	220	10,7
Zusammen:	—	—	1489	72,6	—	—	1386	67,4
Am Heizflächenende mit den Verbrennungsgasen abströmend	391	19,0	—	—	455	22,8	—	—
Wärmeverluste durch Strahlung usw. als Rest	105	5,2	—	—	156	7,6	—	—
Zusammen:	562	27,4	—	—	670	32,6	—	—

	I	II
Wärmeverlust	562 cal = 27,4 %	670 cal = 32,6 %
Wärmegewinn	1489 „ = 72,6 „	1386 „ = 67,4 „
Zusammen:	2051 cal = 100,0 %	2056 cal = 100,0 %

Trennt man Dampfkessel und Überhitzerheizfläche, so erhält man für die Heizfläche des Kessels folgende Wärmeverteilung:

Versuch Nr.		I	II
In der Stunde erzeugte Dampfmenge	kg	5124	6306
Wärmemenge am Meßpunkt 1	cal	1985	1997
Desgl. „ „ 2	„	894	1015
Unterschied	„	1091	982
Wärmemenge am Meßpunkt 3	„	690	778
Desgl. „ „ 4	„	391	455
Unterschied	„	299	323
Gesamtsumme der beiden Differenzen	„	1390	1305
Auf die vordere Dampfkesselheizfläche entfallen	%	78,5	75,2
Desgl. auf die hintere Dampfkesselheizfläche	„	21,5	24,8

Danach werden also von dem ersten Drittel der Dampfkesselheizfläche, die vor dem Überhitzer liegt, bei rd. 19 kg Gesamtbelastung 78,5 % und bei rd. 24 kg Gesamtbelastung 75,2 % von der gesamten Dampfmenge erzeugt.

In der folgenden Zahlentafel sind die mit diesen Werten berechneten Übergangswerte einmal für den vorderen Teil, dann für den hinteren Teil und endlich für die gesamte Heizfläche des Kessels angegeben, und zwar aus den arithmetischen Mitteln der Temperaturunterschiede und der für den ganzen Kessel gültigen Dampfbelastungswerte.

Versuch Nr.		I	II
Mittlerer Temperaturunterschied δ_m im vorderen Teil der Dampfkesselheizfläche	⁰ C.	521	538
Desgl. im hinteren Teil der Dampfkesselheizfläche	„	138	173
Vordere Dampfkesselheizfläche = 94 qm:			
In der Stunde erzeugte Dampfmenge	kg	4 022	4 742
Desgl. für 1 Std. und 1 qm Heizfläche	„	42,69	50,44
Desgl., ausgedrückt in cal	cal	26 856	31 676
Wärmeübergangszahl k	„	51,5	58,8

Versuch Nr.		I	II
Hintere Dampfkesselheizfl. = 173 qm:			
In der Stunde erzeugte Dampfmenge · · ·	kg	1 102	1 564
Desgl. für 1 Std. und 1 qm Heizfläche · ·	„	6,37	9,04
Desgl., ausgedrückt in cal · · · · · · ·	cal	4 007	5 677
Wärmeübergangszahl k · · · · · · · · ·	„	29,0	32,8
Gesamt-Dampfkesselheizfl. = 267 qm:			
Mittlerer Temperaturunterschied δ_m · · ·	° C.	329	355
In der Stunde erzeugte Dampfmenge · ·	kg	5 124	6 306
Desgl. für 1 Std. und 1 qm Heizfläche · ·	„	19,19	23,61
Desgl., ausgedrückt in cal · · · · · · ·	cal	12 072	14 827
Wärmeübergangszahl k · · · · · · · · ·	„	36,6	41,8

In gleicher Weise wie vorher sind dieselben Berechnungen auch für die Überhitzerheizfläche durchgeführt, und die hier vorweg genommen werden mögen (siehe nächstes Kapitel). Auch hier ist versucht worden, die Wärmebilanz zu verbessern, um einen klaren Einblick in die Art der Dampferzeugung zu erhalten. Für die beiden Versuche I und II ergibt sich:

Versuch Nr.		I	II
Am Überhitzereintritt vorhanden im Verbrennungsgas · · · · · · · · · · · · · ·	cal	894	1015
Im überhitzten Dampf vorhanden · · · · ·	„	180	193
Am Überhitzeraustritt vorhanden im Verbrennungsgas · · · · · · · · · · · · · ·	„	690	778
Restwärme · · · · · · · · · · · · · · ·	„	24	44
In Prozenten ausgedrückt erhält man:			
Am Überhitzereintritt vorhanden im Verbrennungsgas · · · · · · · · · · · · · ·	º/₀	100,0	100,0
Im überhitzten Dampf vorhanden · · · · ·	„	20,1	19,0
Am Überhitzeraustritt vorhanden im Verbrennungsgas · · · · · · · · · · · · · ·	„	77,2	76,7
Restwärme · · · · · · · · · · · · · · ·	„	2,7	4,3

Der Restverlust mit einmal 2,7 und ferner mit 4,3 º/₀, bezogen auf die in den Überhitzer eintretende Wärmemenge im Verbrennungsgas auf 1 kg Brennstoff, kann sowohl die Strahlungswärme decken als auch einen nicht gemessenen Wärmeverbrauch für Aufdampfen des nicht trocken gesättigt in den Überhitzer eintretenden Dampfes enthalten.

Es ist auch deshalb der Restverlust aus der schon mitgeteilten Bilanz hier in gleicher Weise für den Überhitzer allein verrechnet worden; damit würde die Strahlung und Wärmeableitung des Überhitzers wohl einen größten Wert erhalten.

Wenn nun auch die durch Strahlung verursachten Wärmeverluste bei der Überhitzerdampfkammer offenbar größer sind als die des Kesselmauerwerkes, so steht doch dem die große Verschiedenheit der Flächengrößen ausgleichend gegenüber.

Immerhin ergibt sich bei dieser Art Berechnung ein Unterschied der beiden Überhitzer-Wärmebilanzen, der hier für Aufdampfarbeit in Anspruch genommen gedacht ist. Sinngemäß müßte der Wassergehalt des Dampfes mit der Zunahme der Belastung der Kesselheizfläche ansteigen; diese Verhältnisse sind in der neu berechneten Bilanz auch tatsächlich vorhanden.

In der folgenden Zahlentafel sind die unter diesen Gesichtspunkten gewonnenen Werte wiedergegeben. Auffallend ist die große Leistung des Überhitzers für Zeit- und Flächeneinheit.

Versuch Nr.		I	II
Am Überhitzereintritt im Verbrennungsgas vorhanden · · · · · · · · · · · · · · · · ·	cal	894	1015
Im überhitzten Dampf vorhanden · · · · ·	„	180	193
Für Aufdampfarbeit im Überhitzer verbraucht ·	„	7	19
Am Überhitzeraustritt im Verbrennungsgas fortziehend · · · · · · · · · · · · · ·	„	690	778
Rest für Strahlungsverluste · · · · · · · ·	„	17	25
Desgl. in Prozenten:			
Am Überhitzereintritt im Verbrennungsgas vorhanden · · · · · · · · · · · · · · · · ·	$^0/_0$	100,0	100,0
Im überhitzten Dampf vorhanden · · · · ·	„	20,1	19,0
Für Aufdampfarbeit im Überhitzer verbraucht	„	0,8	1,8
Am Überhitzeraustritt im Verbrennungsgas fortziehend · · · · · · · · · · · · · ·	„	77,2	76,7
Rest für Strahlungsverluste · · · · · · · ·	„	1,9	2,5
Stündlich auf 1 qm Überhitzerheizfläche überhitzte Dampfmenge · · · · · · · · · · · ·	kg	58,36	71,82
Desgl. in cal · · · · · · · · · · · · · ·	cal	5060	7290
Mittlerer Temperaturunterschied δ_m · · · · ·	° C.	232	277
Wärmeübergangszahl · · · · · · · · · · ·	cal	21,8	26,3

Eine Gegenüberstellung von Bedingungen, die ein weniger Wasserdampf mit sich führendes Gas als Verbrennungsergebnis erzeugen, läßt diesen einen hohen Wirkungsgrad stark hindernden Umstand besser erkennen. Angenommen sei eine Steinkohle von mittlerer Güte und Zusammensetzung, des weiteren sind die Bedingungen der Versuche I und II vollkommen eingehalten. Man erhält dann folgende Vergleichsdaten:

Zusammensetzung der Steinkohle:

C . . . . 75 $^0/_0$

H . . . . 5 „

S . . . . 1 „

H_2O . . . . 4 „

Rückstände . . . . 6 „

$O + N$ als Rest . . . . 9 „

Heizwert der Steinkohle, berechnet . . . . 7236 cal

Theoretisch erforderliche Menge an Verbrennungsluft L_k 9,6 kg

Daraus sich ergebende Menge der Verbrennungsgase Vg_k 10,6 „

Verhältnisse entsprechend Versuch Nr.		I	II
Luftüberschußkoeffizient L_u	$^0/_0$	148	152
Wirkliche Luftmenge für 1 kg Brennstoff · ·	kg	14,5	14,9
Desgl. Menge der Verbrennungsgase	„	15,5	15,8
Zusammensetzung derselben in Prozent:			
CO_2	$^0/_0$	17,7	17,3
O	„	7,2	7,4
N	„	70,4	70,7
H_2O	„	4,6	4,6
Temperatur des Verbrennungsgases	^{0} C.	256	286
Mittlere spezifische Wärme auf 1 kg hierbei ·	cal	0,258	0,259
Wärmemenge im Verbrennungsgas von 1 kg			
Brennstoff	„	1038	1176
Desgl. in Prozent vom Heizwert des			
Brennstoffes	$^0/_0$	**14,3**	**16,3**
Unterschied im Abwärmeverlust			
gegenüber dem Verbrennungsgas			
aus Braunkohle · · · · · · · · · · · · ·	„	**— 5,1**	**— 6,2**

Wie man sieht, sind die Unterschiede der mit gleichem Temperaturgefälle arbeitenden Heizflächen ganz erheblich; sie bedingen im Mittel einen um rund 5,7 % größeren Abwärmeverlust in den Verbrennungsgasen allein durch den an und für sich sehr ungünstig zusammengesetzten Brennstoff.

Neben dem Einfluß des Wärmeträgers hat naturgemäß auch der Zustand des Wärmeaufnehmers hinsichtlich Wärmeübergang vieles zu besagen; jedoch sind die betriebstechnisch möglichen Differenzen, die hier erfahrungsgemäß auftreten können, bei weitem nicht so groß als bei der wechselnden Zusammensetzung des Verbrennungsgases. Einmal belegen sich die inneren Heizflächen mit Steinbelag, das anderemal werden äußere Heizflächen verdeckt und verlegt mit Flugstaub und endlich verrußen dieselben bei rauchenden Feuerungen und belegen sich mit einem Teerkohlenstoff-Belag.

Im allgemeinen hat sich aus Laboratoriums- als auch Betriebsuntersuchungen ergeben, daß

a) ein Steinbelag mit Wandstärken bis zu ca. 5 mm nennenswerten und durch Betriebsversuche nachweisbaren Einfluß auf Verminderung des Wärmeüberganges nicht aufweist,

b) daß ein Verdecken der Heizfläche durch Flugstaub die Leistungsfähigkeit stark beeinflussen kann, namentlich bei Flammrohren und

c) daß ein Verrußen der äußeren Heizflächen durch Teer-Kohlenstoffüberzug von ungleich größerer Schädlichkeit bezüglich Wärmeausnutzung ist als der durch Kesselstein gegebene Steinbelag.

Die beiden Diagramme (Fig. 18 u. 19), aus Untersuchungen von Eberle herrührend, illustrieren das oben gesagte am besten und zeigen rechnerisch, auf anderweitig experimental ermittelte Grundlagen fußend, den Zusammenhang zwischen Wärmedurchgangszahl k und Temperatur des Verbrennungsgases bei Steinbelag (Fig. 18) und bei verrußter Heizfläche (Fig. 19). Auch empfiehlt es sich hierbei, die ebenfalls von Eberle aus seinen Untersuchungen gezogenen Schlüsse mitzuteilen und die sich mit den unter a bis c mitgeteilten Betriebserfahrungen decken.

1. Es ergibt sich, daß selbst ein Stein von 5,5 mm mittlerer Dicke und von mittlerer Wärmeleitziffer die Wärmeausnutzung in einem Dampfkessel nur sehr wenig beeinflußt, daß eine Bestimmung dieses Einflusses durch vergleichende Verdampfungsversuche in verlässiger Weise nicht möglich ist.

2. Solange die mittlere Steindicke von 5 mm nicht überschritten wird, was wohl als Regel für alle geordneten Betriebe an-

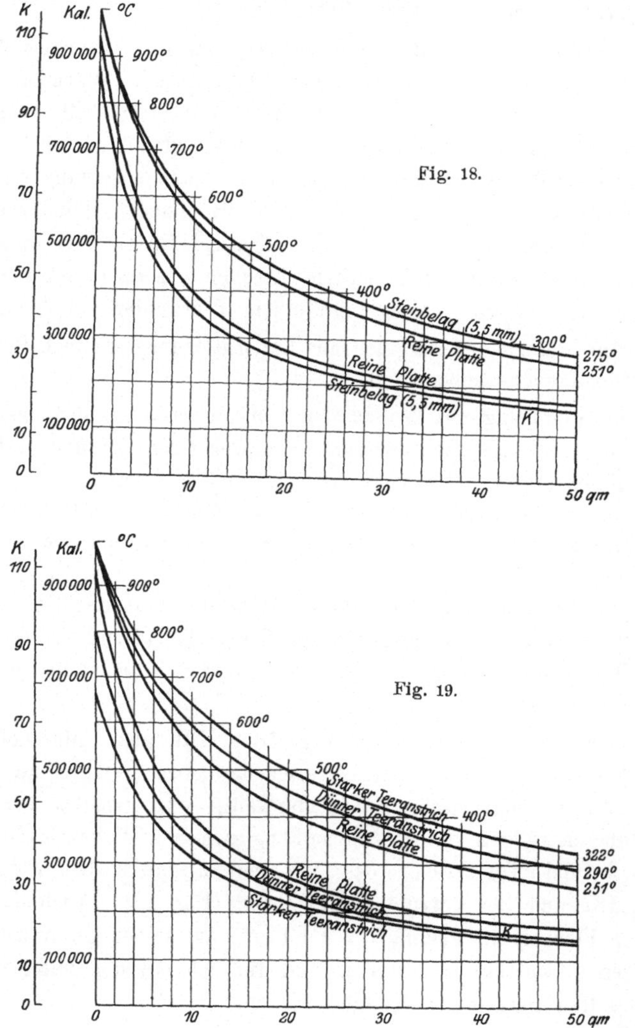

gesehen werden kann, dürfte die Verminderung der Wärmeausnutzung durch den Steinbelag den Betrag von 5 % auch bei einem Stein mit sehr geringer Wärmeleitziffer nicht übersteigen; bei Steinbelägen dieser Stärke und mittlerer Leitfähigkeit dürfte dieser Einfluß nur 2—3 $^0/_0$ betragen. Da bei regelmäßigen Kesselreinigungen der durchschnittliche Steinbelag nur die Hälfte des stärksten Belages betragen wird, ergibt sich der durchschnittliche Einfluß auf die Wärmeausnutzung nur zu 1—2 $^0/_0$.

3. Selbst diese geringe, durch die Fernhaltung des Steines von der Heizfläche mögliche Brennstofferparnis wird häufig genügen, um die reinen Betriebskosten der Wasserreinigung zu decken. Diese Tatsache und der weitere wesentliche Umstand, daß durch Reinerhaltung der Heizfläche ein Kessel vor Temperaturspannungen und Überhitzungen seiner Bleche geschützt, also die Betriebssicherheit erhöht wird, werden auch nach Beseitigung des Glaubens an einen größeren Einfluß des Kesselsteines auf die Wärmeausnutzung der Verwendung möglichst steinfreien Wassers zur Kesselspeisung das Wort reden.

15. Der Nutzeffekt und der Wärmedurchgang an Dampfüberhitzerheizflächen.

Während bei der Beanspruchung der Dampfkesselheizfläche weite Variation möglich und in Betrieben auch tatsächlich vorhanden sind, regelt sich die Beanspruchung der Dampfüberhitzerheizfläche meist automatisch mit dieser, da in den weitaus überwiegenden Fällen eine zwangsläufige Zusammenschaltung der Kessel und Überhitzerheizfläche sowie des Gasweges des Wärmeträgers vorhanden ist.

Jeder genauen Berechnung derjenigen Wärmemenge, welche von einer Dampfüberhitzerheizfläche pro Brennstoffeinheit aufgenommen wird, stellen sich erhebliche Schwierigkeiten entgegen. Hauptsächlich wird das Resultat deshalb stets unsicher, wenn nicht gar wertlos, weil man die Gesamtwärme des eintretenden Dampfes nicht kennt und dieselbe auch nur mit bedingter Sicherheit bestimmen kann.

Hat man es mit einer zwischen die Dampfkesselheizfläche eingebauten Dampfüberhitzerheizfläche zu tun, so ist der Nutzeffekt aus der Zusammensetzung der Verbrennungsgase, seiner Temperatur und der sich hieraus ergebenden Wärmemenge, sowie des vom Überhitzer absorbierten Wärmequantums zu berechnen. Ein direkter Rückschluß auf die mehr oder weniger große Menge von Wasser in dem zu überhitzenden Dampf ist in diesem Fall kaum ausführbar.

Aus zwei Versuchen A und B an zwischen die Dampfkessel-heizfläche eingebauten Dampfüberhitzern wurden z. B. folgende Verhältnisse konstatiert:

	Versuch	
	A	B
Temperatur der Verbrennungsgase beim Eintritt in den Überhitzer	445 ⁰ C.	489 ⁰ C.
Temperatur der Verbrennungsgase beim Austritt aus dem Überhitzer	355 „	402 „
Spezifische Wärme der Verbrennungsgase beim Eintritt in den Überhitzer	0,269 cal	0,274 cal
Spezifische Wärme der Verbrennungsgase beim Austritt aus dem Überhitzer	0,264 „	0,268 „
Pro 1 kg Brennstoff erzeugtes Verbrennungsgasquantum	14,5 kg	15,8 kg
Gesamtwärme der pro 1 kg Brennstoff erzeugten Verbrennungsgasmenge beim Eintritt in den Überhitzer	1738 cal	2130 cal
Gesamtwärme der pro 1 kg Brennstoff erzeugten Verbrennungsgasmenge beim Austritt aus dem Überhitzer	1361 „	1674 „
Pro 1 kg Kohle werden überhitzt Dampf	7,05 kg	6,93 kg
Temperatur des Dampfes beim Eintritt in den Überhitzer	195 ⁰ C.	195 ⁰ C.
Temperatur des Dampfes beim Austritt aus dem Überhitzer	296 „	317 „
Gesamtwärme des trocken gesättigt angenommenen Dampfes beim Eintritt in den Überhitzer	666 cal	666 cal
Gesamtwärme des überhitzten Dampfes beim Austritt aus dem Überhitzer	719 „	731 „
Von 1 kg Dampf aufgenommene Wärmemenge	53 „	65 „
Von 1 kg Brennstoff absobierte Wärmemenge zur Dampfüberhitzung	374 „	450 „
Differenz Eintritts- minus Austritts-Verbrennungsgaswärme	377 „	456 „
Differenz Verbrennungswärme minus Dampfwärme	3 „	6 „

Die Differenzen sind hier von praktisch nicht erheblicher Größe.

In den folgenden Versuchen ist die Differenz jedoch ganz erheblich größer. Die Ursache liegt offenbar in einem erhöhten Wassergehalt des Dampfes, welcher erst bis zum Sättigungspunkt aufgedampft werden muß und hierbei den Verbrennungsgasen Wärme entzieht, welche in der Überhitzungswärme allein nicht zum Ausdruck gelangt.

Es wurde beobachtet:

	Versuch	
	A	B
Gastemperatur am Eintritt ⎱ Überhitzer ⎰	586 ⁰ C.	426 ⁰ C.
desgl. am Austritt	388 „	320 „
Wärmemenge der aus 1 kg Brennstoff stammenden Verbrennungsgase		
am Eintritt ⎱ Überhitzer ⎰	2459 cal	1828 cal
am Austritt	1514 „	1322 „
Zur Überhitzung aus den Verbrennungsgasen verwandte Wärmemenge	945 „	506 „
Wärmemenge zum Überhitzen pro 1 kg Dampf, wenn derselbe trocken gesättigt ist	67 „	27 „
Pro 1 kg Brennstoff überhitzte Dampfmenge	7,4 kg	8,0 kg
Pro 1 kg Brennstoff aufzuwendende Wärmemenge bei Eintritt trocken gesättigten Dampfes in den Überhitzer	497 cal	216 cal
Wirkungsgrad der ganzen Dampfanlage	75 %	73 %
Differenz zwischen tatsächlich verwandter und aus der Überhitzung berechneter Überhitzungswärme, wenn der eintretende Dampf trocken gesättigten Zustand hat und bezogen auf den vorerwähnten Wirkungsgrad	212 cal	153 cal
Desgl., umgerechnet auf 1 kg Dampf	29 „	19 „

Demnach hätte man in beiden Fällen für den in den Überhitzer eintretenden Dampf erheblich weniger Wärmeinhalt pro 1 kg, als es dem wasserfreien und trocken gesättigten Zustand entspricht, anzunehmen.

Hat man es mit direkt befeuertem Überhitzer zu tun, so kann man den Wärmewirkungsgrad desselben nach folgendem Annäherungsverfahren bestimmen.

Man teilt die Gesamtüberhitzerheizfläche einfach in zwei Meßbereiche und vergleicht die an der Seite des Dampfaustritts Gl gemessenen Temperaturgefälle der Verbrennungsgase und der vom Dampf absorbierten Wärmemengen mit der Seite des Dampfeintritts Gg.

Da an der Dampfaustrittsseite Gl anzunehmen ist, daß der Dampf wirklich frei von Wasser ist, während an der Dampfeintrittsseite Gg wahrscheinlich erst Aufdampfarbeit bis zum Saturationspunkt zu leisten ist, wird man Differenzen bekommen, welche ausgeglichen werden müssen.

Bezeichnet man mit wGl das Produkt Differenz des Temperaturgefälles mal spezifischer Wärme der Verbrennungsgase pro Kilogramm auf der Dampfaustrittsseite, wGg dasselbe Produkt für die Dampfeintrittsseite, kGl die hierbei pro Kilogramm Dampf aufgenommene Wärmemenge, so muß das gesuchte, weil unbekannte Wärmequantum kGg, welches an der Gegenstromseite absorbiert wurde, einfach

$$kGg = \frac{kGl \cdot wGg}{wGl}$$

sein.

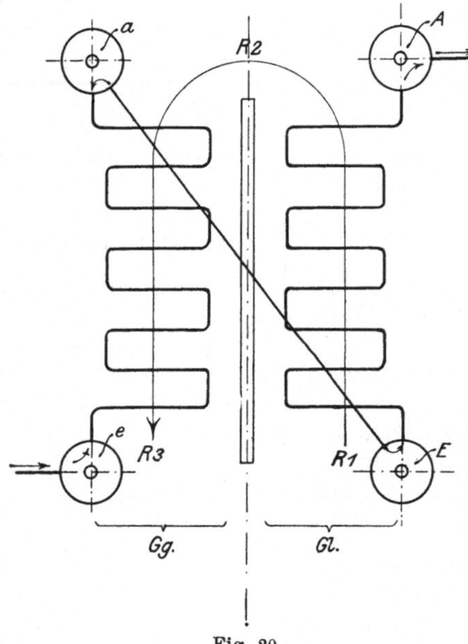

Fig. 20.

In der Zeichnung (Fig. 20) ist die Gesamtheizfläche eines Überhitzers schematisch dargestellt. Der Verbrennungsgasweg ist durch den Pfeil R gekennzeichnet, der Dampf tritt in der im Gegenstrom liegenden Heizfläche Gg bei e ein, verläßt dieselbe bei a und geht von dort in die parallel zum Verbrennungsgasstrom liegende Heizfläche Gl bei E und tritt endlich bei A in die Hauptdampfrohrleitung.

Da man es hier mit der nämlichen Gasmenge zu tun hat, fällt das Quantum derselben bei der Berechnung heraus und tritt an diese Stelle nur seine spezifische Wärme.

Bildet man ferner den Wärmedurchgangskoeffizienten k für die mittlere Temperaturdifferenz pro 1^0 C., so wird ersichtlich, daß

k für die Dampfeintrittsseite viel zu gering ausfällt, was in der aus der Dampfeintrittstemperatur als trocken gesättigter Dampf berechneten Gesamtwärme seinen Grund hat.

Bestimmt man die Zusammensetzung der Verbrennungsgase, die Temperaturen derselben bei R_1, R_2, R_3, ferner die Temperatur des Dampfes bei e und aGg sowie E und AGl, weiter den Dampfdruck bei eGg, E und AGl, so hat man neben der Brennstoff- und Wassermessung alle für die Bestimmung des wahrscheinlichen Nutzeffektes notwendigen Daten.

In einem Versuch wurde beobachtet:

Gleichstromheizfläche	99	qm
Gegenstromheizfläche	102	„
Stündlich verfeuerte Kohlenmenge	268	kg
Stündlich überhitzte Dampfmenge	18 007	„
Pro 1 kg Brennstoff überhitzte Dampfmenge	67	„
Pro Stunde und Quadratmeter Heizfläche überhitzte Dampfmenge	89	„
Temperatur des Dampfes beim Eintritt in den Überhitzer	195,9	⁰ C.
Gesamtwärme desselben, trocken gesättigten Dampf angenommen	666,2	cal
Temperatur des gesättigten Dampfes beim Gegenstromaustritt	195,0	⁰ C.
Gesamtwärme hierbei, trocken gesättigten Dampf vorausgesetzt	665,9	cal
Temperatur des überhitzten Dampfes am Gegenstromaustritt	215,9	⁰ C.
Überhitzung des Dampfes	20,9	„
Gesamtwärme des überhitzten Dampfes im Gegenstromüberhitzer	676,4	cal
Temperatur des gesättigten Dampfes beim Gleichstromaustritt	194,4	⁰ C.
Gesamtwärme hierbei, trocken gesättigten Dampf vorausgesetzt	665,8	cal
Temperatur des Dampfes beim Gleichstromeintritt	214,9	⁰ C.
Temperatur des Dampfes beim Gleichstromaustritt	312,8	„
Überhitzung des Dampfes	118,4	„
Gesamtwärme des überhitzten Dampfes im Gleichstromüberhitzer	729,0	cal

Verbrennungsgastemperatur beim

Eintritt $\left.\right\}$ aus dem Gleichstromüberhitzer $\left\{\begin{array}{l} \cdot \quad \cdot \end{array}\right.$ 842 ⁰ C.
Austritt · · 427 „

Verbrennungsgastemperatur beim

Eintritt $\left.\right\}$ aus dem Gegenstromüberhitzer $\left\{\begin{array}{l} \cdot \quad \cdot \end{array}\right.$ 427 „
Austritt · · 243 „

Differenz der Verbrennungsgastemperatur im Gleichstromüberhitzer . . . . 414 „

Mittlere Verbrennungsgastemperatur im Gleichstromüberhitzer . . . . 634 „

Differenz der Verbrennungsgastemperatur im Gegenstromüberhitzer . . . . 184 „

Mittlere Verbrennungsgastemperatur im Gleichstromüberhitzer . . . . 335 „

Mittlere Temperaturdifferenz δ_m im Gleichstromüberhitzer . . . . 302 „

Stündlich pro 1 qm überhitzte Dampfmenge im
Gleichstromüberhitzer . . . . 180,9 kg

Stündlich pro 1 qm aufgenommene Wärmemenge
im Gleichstromüberhitzer . . . . 9721 cal

Wärmedurchgangskoeffizient k für 1⁰ Temperatur-
differenz . . . . **32,2** „

Mittlere Temperaturdifferenz δ_m im Gegenstromüberhitzer . . . . 109 ⁰ C.

Stündlich pro 1 qm überhitzte Dampfmenge im
Gegenstromüberhitzer . . . . 175,7 kg

Stündlich pro 1 qm aufgenommene Wärmemenge
im Gegenstromüberhitzer . . . . 1785 cal

Wärmedurchgangskoeffizient k für 1⁰ Temperatur-
differenz . . . . **16,4** „

Der Wärmedurchgang stellt sich hiernach mithin im Gegenstromüberhitzer als etwa um $^1/_2$ mal so groß dar wie im Gleichstromüberhitzer.

Es ist nun ferner:

$$wGl = 111,8 \text{ cal}$$
$$kGl = 53,7 \text{ „}$$
$$wGg = 45,7 \text{ „ und wird hieraus}$$
$$kGg = \mathbf{21,9} \text{ „}$$

Der in den Gleichstromüberhitzer eintretende Dampf hätte mithin $21,9 - 10,1 = 11,8$ cal pro 1 kg Dampf weniger besessen.

Berechnet man nunmehr nochmals den Wert für k an der Gegenstromseite, so erhält man:

Mittlere Temperaturdifferenz δ_m im Gegenstromüberhitzer	109,1 ⁰ C.
Stündlich pro 1 qm überhitzte Dampfmenge im Gegenstromüberhitzer	175,7 kg
Stündlich pro 1 qm aufgenommene Wärmemenge im Gegenstromüberhitzer	3859 cal
Wärmedurchgangskoeffizient k für 1^0 Temperaturdifferenz	**35,4** „

Stellt man eine Wärmebilanz auf, so erhält man mit und ohne Berücksichtigung (a und b) der Aufdampfarbeit an der Dampfeintrittsseite des Überhitzers folgende Werte:

	a		b	
Von 1 kg Dampf aufgenommene Überhitzungswärme	73,6	cal	62,8	cal
Pro 1 kg Brennstoff überhitzte Dampfmenge	67,0	kg	67,0	kg
Pro 1 kg Brennstoff nutzbar gewonnene Wärmemenge	4921	cal	4207	cal
Heizwert pro 1 kg Brennstoff	7309	„	7309	„
Nutzeffekt der Dampfüberhitzeranlage .	**67,3**	**⁰/₀**	**57,5**	**⁰/₀**
Abwärmeverlust	**14,9**	„	**14,9**	„
Differenzverlust d. Wärmeableitung usw.	**17,8**	„	**27,6**	„

Aus dieser Wärmebilanz ergibt sich, daß das nach a berechnete Resultat um vieles wahrscheinlicher ist, als das nach b ermittelte.

Würde man annehmen, daß der Wärmedurchgang genau so groß in der Gleichstrom- als auch in der Gegenstromseite des Überhitzers sei, so würde man für den Gleichstromüberhitzer mit $k = 32,2$ cal folgende Werte erhalten:

Stündlich pro 1 qm aufgenommene Wärmemenge im Gegenstromüberhitzer	3510 cal
kGg wird hieraus zu	19,9 „
Gesamtwärme des eintretenden Dampfes demnach . .	656,4 „
Nutzeffekt der Dampfüberhitzeranlage	**66,5 ⁰/₀**

Man erhält mithin nur eine Differenz von 0,8 °/₀ in der nutzbar von der Gesamtüberhitzerheizfläche absorbierten Wärmemenge und hat hiermit eine Bestätigung der Wahrscheinlichkeit für die nach diesem Annäherungsverfahren ermittelten Werte.

Im übrigen muß auf das vorige Kapitel verwiesen werden, in welchem gelegentlich der Behandlung des Wirkungsgrades der Dampfkesselheizfläche auch entsprechende Vermerke über die Dampfüberhitzerheizfläche vorhanden sind. Ferner ist betriebsseitig erkannt worden, daß für die vollkommenste Ausnutzbarkeit der Überhitzerheizflächen die Reinhaltung von Flugstaub und das Dichthalten des Mauerwerkes von großem Einfluß sind und daß hier zum mindesten die gleiche Sorgfalt wie bei der Kesselheizfläche Anwendung finden muß.

16. Der Nutzeffekt und der Wärmedurchgang an Vorwärmerheizflächen.

Das von der Dampfüberhitzerheizfläche bezüglich der Belastungsverhältnisse Gesagte findet volle Anwendung hinsichtlich der Wirkungsweise der Vorwärmer.

In der Folge sind eine Anzahl von Versuchen vorgeführt, welche unter den verschiedenartigsten Verhältnissen durchgeführt wurden; namentlich folgende Gesichtspunkte waren maßgebend:

1. Die Zusammensetzung der verfeuerten Brennstoffe sollte möglichst verschieden sein, dementsprechend sind Braunkohlen, Steinkohlen verschiedener Reviere und Koks als Wärmeträger vorhanden.

2. Das Verhältnis Kesselheizfläche zu Vorwärmerheizfläche sollte möglichst variabel sein. Setzt man die Kesselheizfläche mit 100 ein, so bewegen sich die Verhältnisse zur Vorwärmerheizfläche von 100 zu 106 bis zu 100 zu 40.

3. Bezüglich des für Zeit und Flächeneinheit vorgewärmten Speisewassers sollten die weitgehendsten Unterschiede vorliegen; entsprechend schwanken die pro Stunde und 1 qm Vorwärmerheizfläche vorgewärmten Wassermengen zwischen 17 und 39 kg.

Bei allen Versuchen war der Reinheitszustand der Vorwärmerheizfläche im betriebstechnischen Sinn als normal zu bezeichnen; hierunter ist der Zustand nach einiger Betriebszeit verstanden, während deren die üblichen Vorrichtungen zur Beseitigung des Flugstaubes von den Röhren dauernd in Benutzung waren.

Beobachtet wurde:

(Siehe die Tabelle auf S. 116—119.)

Die Aufschreibungen Nr. 1—48 enthalten die gesamten beobachteten Werte.

In den Zeilen 49—63 sind die Zustandsbedingungen des Wärmeträgers behandelt und sodann ein Nachweis der Wärmeverteilung im gesamten Vorwärmersystem aufgestellt. In dieser Bilanz kommen die verschiedenen Betriebszustände sowohl bezüglich der Belastung als auch der Konstruktion der Vorwärmer zum Ausdruck. Insbesondere die als „Differenz für Wärmeableitung und Strahlung" bezeichnete Verlustquelle zeigt größere Verschiedenheiten, die aber in sinngemäßer Weise den wirklichen äußeren Unterschieden gleichkommen. So ist beispielsweise in Versuch 1 die Anordnung so getroffen, daß der Vorwärmer unmittelbar unter dem Dampferzeuger steht; in Versuch 4 und 5 wiederum liegt der Vorwärmer vollkommen im Freien usw.

Die Zeilen 68—72 enthalten die Temperaturverhältnisse und die von der Vorwärmerheizfläche aufgenommenen Wärmemengen, woraus die Wärmedurchgangszahlen für 1 Std., 1^0 Temperaturdifferenz zwischen Wärmeträger und Wärmeaufnehmer und 1 qm Vorwärmerheizfläche abgeleitet sind. Um einen Einblick in die relativen Geschwindigkeitsverhältnisse der Verbrennungsgase und des Wassers zu erhalten, wurden die Zahlen der Reihen 73—78 abgeleitet.

Um weiter die Wärmedurchgangszahl k mit anderen, bekannten Werten von k bequem vergleichbar zu machen, sind zum Schluß die hauptsächlich in Betracht kommenden Faktoren gemittelt und in der unten befindlichen Zahlentafel übersichtlich zusammengestellt, während die oberen und unteren Grenzwerte links und rechts verzeichnet sind.

(Siehe die Tabelle auf S. 120.)

Als weiterer Näherungswert gilt allgemein, daß man pro 1^0 Wasseraufwärmung 2^0 Temperaturabfall des Wärmeträgers rechnet.

Ferner kann als erwiesen gelten, daß die Anordnung der Gegenstrom-Wasserführung einen günstigeren Wärmeübergang ergibt als andere Schaltungen.

8*

	Versuch Nr.		1	2
1	Rostfläche des Kessels	qm	3,1	3,6
2	Heizfläche „ „	„	144	100
3	„ „ Überhitzers	„	44,1	29,0
4	Vorwärmerheizfläche	„	153	80
5	Verhältnis der Kesselheizfläche zur Vorwärmerheizfläche		100 : 106	100 : 80
6	Versuchsdauer	Min.	480	612
7	Brennstoff, verfeuert zusammen	kg	2 570	3 243
8	In 1 Std. desgl.	„	321,3	318,0
9	Für 1 Std. und 1 qm Rostfläche	„	103,7	88,3
10	Zusammensetzung { Kohlenstoff	$^0/_0$	78,91	76,65
11	Wasserstoff	„	0,47	4,37
12	Schwefel	„	0,94	1,07
13	Hygroskopisches Wasser	„	6,37	3,82
14	Rückstände	„	11,18	6,13
15	Sauerstoff und Stickstoff als Differenz	„	2,13	7,96
16	Heizwert	cal	6 504	7 266
17	Theoretisch zur Verbrennung nötige Luftmenge L_k	kg	9,19	10,01
18	Theoretische Verbrennungsgasmenge V_{gv}	cbm	7,23	8,00
19	Wasser, verdampft zusammen	kg	21 296	26 657
20	In 1 Std. desgl.	„	2 637,0	2 613,4
21	Für 1 Std. und 1 qm Heizfläche	„	18,3	26,1
22	Temperatur beim Eintritt in den Vorwärmer	^{0} C.	37,5	28,2
23	„ „ Austritt aus dem „	„	103,5	122,5
24	Dampf, Überdruck	kg/qcm	9,70	10,80
25	Entsprechende Temperatur	^{0} C.	182,0	186,2
26	„ Gesamtwärme	cal	662,1	663,3
27	Temperatur des überhitzten Dampfes	^{0} C.	284	287
28	Überhitzung über die Sättigungstemperatur	„	102,0	100,8
29	Spezifische Wärme des überhitzten Dampfes	cal	0,523	0,525
30	Wärmemenge durch die Überhitzung	„	53,3	52,9
31	Gesamtwärme des erzeugten Dampfes	„	715,4	716,2
32	Betriebsverdampfungsziffer	kg	8,28	8,22
33	Erzeugungswärme des Dampfes, vom Eintritt in den Vorwärmer ab gerechnet	cal	677,9	696,0
34	Verdampfungsziffer, berechnet auf 637 cal Erzeugungswärme	kg	8,81	8,88
35	Von der Kesselheizfläche aufgenommen für 1 kg Brennstoff	cal	4 625	4 445
36	Vom Überhitzer aufgenommen desgl.	„	441	435
37	Von der Vorwärmerheizfläche aufgenommen desgl.	„	546	775
38	Gesamte aufgenommene Wärmemenge aller Heizflächen	„	5 612	5 655
39	Verbrennungsgastemperatur, Eintritt Vorwärmer	^{0} C.	228	362
40	„ Austritt „	„	118	183
41	Mittlere Zusammensetzung des Wärmeträgers, Kohlendioxyd	Vol.-Proz.	8,6	9,1
42	Sauerstoff	„	11,9	9,8

3	4	5	6	7	8	9	10
3,1	3,8	4,5	2,2	2,2	2,2	2,2	2,2
80	160	200	90	90	90	90	90
36,0	—	—	—	—	—	—	—
60	120	120	48	48	48	36	36
100 : 75	100 : 75	100 60	100 : 53	100 : 53	100 : 53	100 : 40	100 : 40
615	480	480	· 474	497	460	514	430
3 183	2 341	3 102	1 292	1 259	1305	1887	986
310,6	292,6	387,7	155,6	152,1	170,3	220,3	137,6
100,2	77,0	86,2	70,7	69,1	77,4	100,1	62,5
73,07	72,96	65,07	73,80	71,06	64,44	47,18	71,65
4,40	4,45	4,21	4,32	4,41	4,61	4,39	4,36
1,02	0,90	1,17	0,91	1,15	1,58	2,14	1,19
5,64	6,18	6,55	3,97	5,18	9,57	11,78	4,22
6,91	4,65	11,10	6,30	4,86	6,13	23,11	6,74
8,96	10,86	11,90	10,70	13,34	13,67	12,40	11,83
7 066	7 092	6 312	6 797	6 655	5972	4397	6684
9,57	9,46	8,45	9,52	9,15	8,46	6,09	9,27
7,67	7,59	6,79	7,59	7,33	6,84	4,99	7,40
24 032	20 352	24 796	10 207	10 442	9312	9906	7749
2344,2	2544,0	3099,5	1292,4	1261,0	1215,2	1156,5	1081,0
30,02	15,9	15,4	14,3	14,0	13,5	12,8	12,0
28,9	36,7	32,6	20,6	50,4	50,3	48,2	21,1
105,1	142,0	103,8	78,8	104,2	102,9	103,9	78,2
10,58	9,50	9,68	8,43	9,03	8,20	8,56	8,71
185,3	181,0	181,7	176,4	179,0	175,3	176,9	177,6
663,0	661,7	661,9	660,3	661,1	660,0	660,4	660,7
295	—	—	—	—	—	—	—
109,7	—	—	—	—	—	—	—
0,528	—	—	—	—	—	—	—
57,9	—	—	—	—	—	—	—
720,9	661,7	661,9	660,3	661,1	660,0	660,4	660,7
7,55	8,69	7,99	7,90	8,29	7,14	5,25	7,86
692,0	625,0	629,3	639,7	600,7	610,7	612,2	639,6
8,19	8,52	7,89	7,93	7,95	6,83	5,04	7,89
4 212	4 516	4 459	4 594	4 617	3978	2921	4578
436	—	—	—	—	—	—	—
575	915	569	460	446	376	292	449
5 223	5 431	5 028	5 054	5 061	4354	3213	5027
378	386	359	264	270	264	276	243
221	150	172	125	138	139	143	118
8,2	7,8	8,2	8,6	9,1	7,9	6,9	7,8
10 5	11,3	11,0	9,9	9,7	10,7	12,1	10,8

	Versuch Nr.		1	2
43	Mittlere Zusammensetzung des Wärmeträgers, Stickstoff als Differenz	Vol.-Proz.	79,5	81,1
44	Überschüssige Luftmenge in den Verbrennungsgasen	%	231	188
45	Nutzeffekt der Dampfkesselheizfläche	„	71,1	61,2
46	„ des Überhitzers	„	6,8	6,0
47	„ der Vorwärmerheizfläche	„	8,4	10,6
48	Gesamtwirkungsgrad der Anlage	„	86,3	77,8
49	Verbrennungsgasmenge bei dem vorhandenen Luftüberschuß	kg	22,08	19,66
50	Desgl.	cbm	16,56	14,82
51	Zusammensetzung des Wärmeträgers (Gasmenge für 1 kg Brennstoff) — Kohlendioxyd	kg	2,29	2,22
52	Sauerstoff	„	2,79	2,04
53	Wasser	„	0,09	0,32
54	Stickstoff	„	16,91	15,08
55	Zusammensetzung des Wärmeträgers (ausgedrückt in Gew.-Proz.) — CO_2	%	10,4	11,3
56	O	„	12,6	10,4
57	H_2O	„	0,5	1,6
58	N	„	76,5	76,7
59	Mittlere spezifische Wärme c_p des Gases am Eintritt Vorwärmer	cal	0,248	0,260
60	Desgl. am Austritt Vorwärmer	„	0,241	0,248
61	Wärmeinhalt der Gase für 1 kg Brennstoff, Eintritt Vorwärmer	„	1249	1850
62	Desgl., Austritt Vorwärmer	„	628	892
63	Gesamte im Vorwärmer gebliebene Verbrennungsgaswärme	„	621	958

Wärmebilanz des Vorwärmers, für 1 kg Brennstoff berechnet:

			cal	%	cal	%
64	Im Verbrennungsgas am Eintritt Vorwärmer vorhanden		1249	100,0	1850	100,0
65	Vom Speisewasser aufgenommene Wärmemenge		546	43,7	775	41,9
66	In den abziehenden Verbrennungsgasen noch enthaltene Wärme		628	50,3	892	48,2
67	Differenz: Verlust für Wärmeableitung und Strahlung		75	6,0	183	9,9

	Versuch Nr.		1	2
68	Temperaturerhöhung des Wassers im Vorwärmer	° C.	66,0	94,3
69	Auf 1 Std. und 1 qm Vorwärmerheizfläche vorgewärmte Wassermenge	kg	17,2	32,7
70	Desgl.	cal	1135	3084
71	Mittlere Temperaturdifferenz δ_m	° C.	115	254
72	Wärmedurchgangszahl k	cal	9,9	12,1
73	Mittlere Gastemperatur im Vorwärmer	° C.	173	278
74	Gasmenge bei dieser Temperatur auf 1 kg Brennstoff	cbm	27,16	29,94
75	Stündliche Gasmenge bei dieser Temperatur	„	8726	9521
76	„ „ auf 1 qm Vorwärmerheizfläche	„	57	119
77	„ „ in Kilogramm	kg	7094	6252
78	„ „ auf 1 qm Vorwärmerheizfläche	„	47	78

3	4	5	6	7	8	9	10
81,3	80,9	80,8	81,5	81,2	81,4	81,0	81,4
200	216	210	189	186	204	212	206
59,6	63,7	70,6	67,6	69,4	66,5	66,4	68,5
6,2	—	—	—	—	—	—	—
8,1	12,9	9,0	6,8	6,7	6,3	6,6	6,7
73,9	76,6	79,6	74,4	76,1	72,8	73,0	75,2
19,96	21,25	13,40	18,87	17,81	18,03	13,53	19,90
15,07	16,08	11,03	13,74	13,33	13,64	10,22	15,17
2,12	2,12	1,80	2,14	2,05	1,87	1,36	2,08
2,22	2,54	2,16	1,96	1,82	2,04	1,58	2,28
0,34	0,31	0,30	0,29	0,28	0,35	0,28	0,29
15,28	16,28	14,14	14,48	13,65	13,77	10,31	15,25
10,6	9,9	9,8	11,3	11,5	10,4	10,5	10,5
11,1	12,1	11,8	10,4	10,3	11,3	11,7	11,4
1,7	1,4	1,6	1,5	1,6	1,8	2,0	1,5
76,6	76,6	76,8	76,8	76,6	76,5	75,8	76,6
0,262	0,261	0,260	0,254	0,254	0,254	0,255	0,251
0,251	0,246	0,247	0,244	0,245	0,246	0,249	0,244
1977	2141	1717	1265	1221	1209	940	1244
1107	780	777	576	602	617	480	573
870	1461	940	689	619	582	460	641

cal	%	cal	%	cal	%	cal	%	cal	%	cal	%	cal	%	cal	%
1977	100,0	2141	100,0	1717	100,0	1265	100,0	1221	100,0	1209	100,0	940	100,0	1214	100,0
575	29,1	915	42,7	569	33,1	460	36,4	446	36,5	376	31,1	292	31,1	449	36,9
1107	55,9	780	36,4	777	45,3	576	45,5	602	49,3	617	51,0	480	51,1	573	47,2
295	15,0	446	20,9	371	21,6	229	18,1	173	14,2	216	17,9	168	17,8	192	15,9
76,2		105,3		71,2		58,2		53,8		52,6		55,7		57,1	
39,1		21,2		25,8		26,9		26,3		25,4		32,1		30,0	
2979		2232		1837		1566		1415		1336		1788		1713	
274		164		199		151		127		129		138		140	
10,9		13,6		11,9		10,4		11,1		10,4		12,9		12,2	
299		268		265		194		204		201		209		180	
31,65		31,84		27,64		23,49		23,33		23,73		18,09		25,18	
9830		9316		10 716		3654		3548		4041		3983		3465	
164		78		89		76		74		84		111		96	
6200		6220		7 134		2936		2709		3070		2981		2738	
103		52		59		61		56		64		83		76	

Hauptmittelwerte sowie untere und obere Grenzwerte der Versuche 1—10.

		100 : 40	100 : 64	100 : 106
Verhältnis der Kesselheizfläche zur Vorwärmerheizfläche				
Eintrittstemperatur des Wassers	⁰ C.	20,6	35,4	50,4
Austrittstemperatur des Wassers	„	78,2	104,5	142,0
Temperaturerhöhung	„	—	69,1	—
Stündlich auf 1 qm vorgewärmte Wassermenge	kg	17,2	27,7	39,1
Desgl.	cal	1135	1914	3084
Gasmenge auf 1 kg Brennstoff	kg	13,53	18,95	22,08
„ in Kubikmetern bei der mittleren Gastemperatur	cbm	18,09	26,20	31,84
Eintrittstemperatur des Gases	⁰ C.	228	303	386
Austrittstemperatur des Gases	„	118	151	221
Erniedrigung der Gastemperatur	„	—	152	—
Mittlere Gastemperatur im Vorwärmer	„	—	227	—
Wärmemenge auf 1 kg Brennstoff am Eintritt	cal	940	1493	2141
Wärmemenge auf 1 kg Brennstoff am Austritt	„	480	707	1107
Mittlere Temperaturdifferenz δ_m	⁰ C.	115	169	274
Wärmedurchgangszahl k	cal	9,9	11,3	13,6
Stündliche Gasmenge auf 1 qm Vorwärmerheizfläche	kg	47	68	103
Stündliche Gasmenge in Kubikmetern bei der mittleren Gastemperatur	cbm	57	95	164
Aus 1 kg Brennstoff entnommene Wärmemenge zur Temperaturerhöhung des Wassers	cal	292	540	775
Desgl.	⁰/₀	6,3	8,3	12,9
Wärmebilanz des Vorwärmers: vom Wasser aufgenommen	„	29,1	36,2	43,7
Wärmebilanz des Vorwärmers: mit den Verbrennungsgasen abziehend	„	36,4	47,3	55,9
Differenz für Wärmeableitung und Strahlung	„	6,0	16,5	21,6

III. Teil.

Die Kontrolle des Gasgenerator- und Dampfkessel-Betriebes.

Gemäß der Haupteinteilung des Abschnitts Wärmeerzeugung kann man die Grundsätze einer Kontrolle derselben auch getrennt behandeln, zumal tatsächlich auch wenig Gemeinsames in den beiden hier behandelten Arten der Energie-Umformung anzutreffen ist. Die zur Ausübung von Untersuchungen nötigen Instrumente sowie die für beide Abschnitte gleichen Anteil besitzenden Methoden zur Untersuchung von Brennstoffen sollen jedoch vor Behandlung der Kontrollmethoden selbst hier angeführt werden.

17. Instrumente zu wärmetechnischen Untersuchungen.

Die zur Beurteilung von Vorgängen bei der Wärmeerzeugung und Verwendung nötigen Untersuchungen erstrecken sich auf Temperatur und Druckmessungen, ferner auf die Ermittelung der Zusammensetzung von Brennstoffen, der gebildeten Verbrennungsgase und des Wärmewertes beider. Man versäume nicht, die zur Verwendung kommenden Instrumente untereinander zu vergleichen und ihre Fehler auszumitteln, eine kleine Mühe, welche leider nicht immer vorgenommen wird und zu falschen Schlüssen hinsichtlich erhaltener Versuchsresultate führen kann.

Es können natürlich nicht sämtliche vorhandenen Apparate aufgezählt werden, welche im Handel zu haben sind; die hier erwähnten Instrumente jedoch haben sich durch mehr oder minder lange Tätigkeit bewährt, womit natürlich nicht gesagt sein soll, daß andere, hier nicht aufgeführte Apparatformen untauglich wären.

Man kann ferner die gesamten Instrumente nach der Art ihrer Angaben in zwei Gruppen trennen, in solche, bei welchen der Beobachter gewisse Operationen zur Betätigung des Instruments selbst vornehmen muß, und in solche, welche die auf dasselbe einwirkenden Vorgänge selbsttätig verzeichnen. Gemäß dieser Einteilung sind in den folgenden Ausführungen die einzelnen Apparatformen beschrieben.

a) Temperaturmessungen.

Zur Bestimmung von Temperaturen bis 700° C. verwendet man Quecksilberthermometer aus Glas, Quarz oder Thermoelemente; bei ersteren und in Temperaturen über den Siedepunkt des Quecksilbers werden diese unter Druck mit Kohlendioxyd gefüllt, womit die sichere Verwendung bei höheren Temperaturen durch Verzögerung des Siedepunktes gewährleistet ist. Hat man ein im Kaliber vollkommenes Glasrohr und trägt den Fundamentalabstand 0—100° C. in irgend einem Maßstab auf, beispielsweise 100° C. = 100 mm Länge, so liegen die Punkte 200, 300, 400, 500° nicht bei 200, 300, 400, 500 mm vom Nullpunkt ab, sondern infolge der nicht proportionalen Ausdehnung des Quecksilbers in dem Glasrohr nach den Untersuchungen der Physikalisch-Technischen Reichsanstalt bei

$$200 \qquad 300 \qquad 400 \qquad 500° \text{ C.} =$$
$$200{,}4 \quad 304{,}1 \quad 412{,}3 \quad 527{,}9 \text{ mm Länge,}$$

gemessen von dem Temperaturnullpunkt ab. Es ist hierbei vorausgesetzt, daß das Instrument aus dem Jenenser Borosilikatglas 59[III] ist, und daß dasselbe immer bis zu dem augenblicklich herrschenden Temperaturgrad in das hochtemperierte Medium taucht. Da man bei Verwendung solcher Instrumente zur Bestimmung von Verbrennungsgastemperaturen immer nicht angängig machen kann, dasselbe vollkommen bis zum abgelesenen Temperaturgrad einzutauchen, ergeben sich Korrektionen, welche speziell bei langen Thermometern und kurzen Eintauchlängen bedeutend hohe Werte erreichen, 50° C. und darüber. Es ist deshalb in allen Fällen vorzuziehen, dem Verfertiger die Verwendungsart anzugeben, also daß z. B. bei einem Instrument von 1500 mm Länge die Justierung so vorgenommen wird, daß der Nullpunkt bei einer Eintauchtiefe von 1300 mm bestimmt und die übrigen Skalenwerte dementsprechend ausgewertet werden. Bestimmt man Temperaturen mit kürzeren Thermometern, z. B. in Rohrleitungen, welche überhitzten Dampf führen, so kann hierbei eine Korrektur wegen des herausragenden Fadens leicht vorgenommen werden, weshalb eine spezielle Berücksichtigung bei der Justierung der Instrumente unterbleiben kann. Für Temperaturen bis + 750° C.

werden neuerdings Quarzglasthermometer von Dr. Siebert und Kühn, Cassel, in den Handel gebracht, welche seitens der Physikalisch-Technischen Reichsanstalt, Charlottenburg, bis $+ 700^0$ C. geprüft werden. Diese Instrumente, welche hohe Widerstandsfähigkeit gegen schroffen Temperaturwechsel und große Gleichmäßigkeit und Genauigkeit ihrer Angaben besitzen, sind ein sehr schätzenswerter Zuwachs des Instrumentariums der technischen Thermometrie.

Zur Bestimmung von Temperaturen über 700^0 C., also etwa bei der Ermittlung der Anfangstemperatur auf dem Rost, hat man in den nach Angaben von Holborn und Wien unter Benutzung eines Vorschlags von Le Chatelier gefertigten Thermoelementen ein äußerst einfaches, betriebsicheres und hohe Genauigkeit gewährleistendes Instrument, welches auf Wunsch von der Physikalisch-Technischen Reichsanstalt untersucht und mit entsprechender Korrektionsnachweisung versehen wird. Dasselbe besteht aus einem Platin- und einem Platinrhodiumdraht, welches die an der Erhitzung der Lötstelle beider entstehenden Thermoströme als Funktion der Temperatur an einem Galvanometer abzulesen gestattet. Die beiden Drähte sind auf schwer schmelzbare Porzellanrohre gewickelt, welche wiederum in Eisen- oder Nickelrohren untergebracht werden. Zweckmäßig umkleidet man letztere mit Asbestschnur oder Schamotteröhren und läßt nur die Lötstelle frei, um das Instrument in der Empfindlichkeit nicht zu beeinträchtigen.

Man kann ferner Thermoelemente, welche zur dauernden Beobachtung herangezogen werden sollen, bequem allein herstellen durch Zusammenschweißen thermoelektrischer Paare, welche man auf einem Porzellanrohr befestigt und dieses gegebenenfalls als Gasabsaugerohr mit benutzt. Bewährt haben sich hier Paare von Eisen und Konstantan; man erhält pro 1^0 Temperaturdifferenz an den Schweißstellen gegenüber den Drahtenden bei Verwendung eines Paares Ausschläge von 0,000053 Volt; um diesen Betrag zu vergrößern, empfiehlt sich die Anwendung von 3 Paar Elementen, welche hintereinander, also auf Spannung geschaltet sind. Pro 1^0 Temperaturdifferenz erhält man dann 0,000159 Volt Ausschlag. Mit einem Millivoltmeter, dessen Meßbereich 100 Millivolt beträgt, kann man auf diese Weise Temperaturen bis über 600^0 C. messen. Die Drähte selber muß man durch entsprechende Umhüllungen vor Oxydation schützen, wodurch allerdings die Empfindlichkeit gegenüber unbekleideten Drähten vermindert wird.

Die Verwendung solcher Thermoelemente ist dann besonders angezeigt, wenn z. B. an 5 Stellen Temperaturbeobachtungen gemacht werden sollen; durch entsprechende Umschaltung können diese Messungen dann von einem Platz aus in kürzester Zeit durchgeführt werden. Eine Vergleichung der Angaben der Thermoelemente ist leicht an der Hand eines geprüften Normalthermometers durchführbar, so daß eine Kontrolle mit einfachen Mitteln ermöglicht wird.

Es sei noch darauf hingewiesen, daß Thermoelemente nicht wie Quecksilberthermometer von einem festen Nullpunkt aus — dem Schmelzpunkt des Eises — messen, sondern nur die jeweilige Temperaturdifferenz zwischen den Drahtenden und den Lötstellen als gemessene Temperatur in Betracht kommt; je nach dem Betrage der umgebenden Luft also muß man zur gemessenen Temperaturdifferenz positive oder negative Werte hinzuführen, um die gleiche Temperatur wie am Quecksilberthermometer zu erhalten.

Thermoelemente vorzüglicher Beschaffung führen u. a. aus W. C. Heraeus, Hanau und Kaiser & Schmidt, Berlin-Charlottenburg.

Zur Umbildung der Quecksilberthermometer und Thermoelemente zu registrierenden Instrumenten hat man einerseits mit Erfolg die Photographie, andererseits elektromotorische Anzugskraft zur direkten Aufzeichnung der jeweiligen Angaben benutzt.

Von G. A. Schultze, Charlottenburg, sind Quecksilberthermometer, welche bekanntlich in bezug auf Genauigkeit und Konstanz der Angaben zu den zuverlässigsten Instrumenten für Temperaturmessungen zählen, dadurch zu registrierenden Apparaten umgeformt worden, daß der jeweilige Stand des Quecksilbers in der Glaskapillare selbsttätig photographiert wird. Das auf eine durch ein Uhrwerk gedrehte Trommel gespannte lichtempfindliche Papier wird durch eine Lampe über dem Quecksilberstande belichtet, darunter jedoch nicht. Infolgedessen bleibt der untere Teil des Papierstreifens, die Temperaturangabe enthaltend, weiß, während der obere, nicht vom Quecksilber bedeckte Teil des Papiers geschwärzt wird.

Die hier angezogene Registrierung von Voltmetern, welche von Thermoelementen betätigt werden, rührt von Siemens & Halske her. Ein Uhrwerk bewegt einen Papierstreifen, auf welchem Teilungsintervalle eingedruckt sind.

In bestimmten Zeitunterbrechungen, z. B. minutlich, wird der Zeiger des Millivoltmeters, an welchem die Temperaturangaben abgenommen werden, durch einen Elektromagnet angezogen und durch

einen Markierstift im Diagrammpapier der jeweilige Stand auf-
gezeichnet.

Das punktförmige Diagramm zieht man der besseren Übersicht wegen zu einer Linie aus.

Auf die optischen Pyrometer nach Hempel (gebaut von Franz
Schmidt & Haensch, Berlin), nach Wanner (gebaut von Dr. R. Hase,
Hannover), nach Siemens & Halske, Berlin sei hier noch hingewiesen.

Für die hier in Betracht kommenden Temperaturmessungen
sind Thermoelemente allgemein angebrachter.

b) Druckmessungen.

Druckmessungen werden sowohl an den Gasen als auch am
erzeugten Dampf vorgenommen; man bestimmt entweder den Über-
oder Unterdruck gegenüber dem atmosphärischen Druck oder aber
man ermittelt Druckdifferenzen innerhalb der Gas- resp. Dampfwege,
um Geschwindigkeits- resp. Volumenbestimmungen durchzuführen.

Während man geringere Drücke nach Millimetern Wassersäule auswertet, benutzt man bei größeren Drücken als Einheit
1 kg pro Quadratzentimeter; im Gegensatz hierzu steht die Atmosphäre
als Druckeinheit, welcher ein Druck von 760 mm Quecksilbersäule
statt 735,51 mm äquivalent 1 kg pro 1 qcm entspricht.

Je nach der Größe des zu messenden Druckes muß man auch
verschiedene Instrumentformen zur Anwendung bringen.

Zur Messung kleinster Druckdifferenzen benutzt man Mikromanometer, welche irgend einen zu beobachtenden Wert in einem
bestimmten übersetzten Verhältnis angeben.

Von Krell sind zuverlässige Manometer dieser Art konstruiert
worden und zwar nach Prinzipien, welche seinerzeit von Prof. Recknagel angegeben wurden. Jedoch ist diese Form für die hier in
Betracht kommenden Verhältnisse nicht recht verwendbar, weil der
Skalenumfang entweder zu klein oder aber bei geringeren Über-
setzungen die Angaben zu ungenau werden. Ein den vorwaltenden
Verhältnissen angepaßtes Mikromanometer mit veränderlichem Skalenumfang bei gleichbleibender Übersetzung zeigt Fig. 21, nach meinen
Angaben verfertigt von der Firma G. A. Schultze, Charlottenburg.

Das Mikromanometer besteht aus einer Dose a, welche eine
Bohrung von genau 100 mm Durchmesser besitzt; in dem Ansatz b
ist ein Meßrohr c eingesetzt. Der Boden der Dose a ist mit einem
meßbar verschraubbaren Verdrängungskörper d versehen; 10 mm

Höhe des Körpers d entsprechen genau dem Volumen von 1 mm Höhe der Dose a.

Die Verschiebung von d wird durch ein Gewinde erreicht, welches eine Ganghöhe von 1 mm Höhe hat; der Kopf des Verdrängers d ist an seiner Peripherie in 100 Teile geteilt; ferner streift an diesen eine vertikal montierte Skala e, welche eine Millimeterteilung trägt.

Das Meßrohr c besitzt gegen die Horizontale eine Neigung im Verhältnis von 1 zu 400, die Skala selbst ist 200 mm lang, d. h. das Meßrohr c umfaßt ein Meßbereich von $^1/_2$ mm Wassersäule.

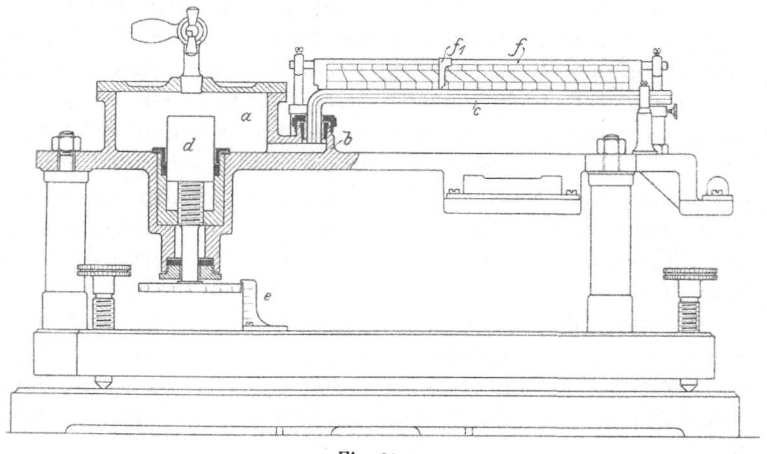

Fig. 21.

Das durch eine Längs- und Querlibelle ausrichtbare Manometer wird mit Alkohol vom spezifischen Gewicht 0,80 als Sperrflüssigkeit bis zum Nullpunkt der Skala f aufgefüllt und zwar, nachdem vorher der Verdränger $\cdot d$ soweit hochgeschraubt wurde, daß der geteilte Kopf desselben einen Anschlag am Meßlineal e berührt. Sowohl am Lineal als auch an der Trommel hat man dann die Stellung Null; f_1 ist eine Schiebermarke für das Lineal f.

In dieser Anordnung könnte man Druckdifferenzen bis zu $^1/_2$ mm Wasserfläche messen; würde man ferner beispielsweise den Verdränger 5 mm, gemessen an e, herabschrauben, so hätte man, da ja eine Umdrehung 0,1 mm Niveaudifferenz im Manometer bedeutet, die Nullage der Flüssigkeit nicht beim Nullpunkt der Skala f, sondern

5 . 0,1 mm = 0,5 mm tiefer liegen; in dieser Anordnung könnte man Druckdifferenzen bis zum Betrage von 1 mm messen, wovon die Werte von 0,4—1,0 mm im übersetzten Verhältnis gemessen werden könnten. Bei 20 mm Verschiebung des Verdrängers könnte man weiter 2,0 + 0,5 = 2,5 mm totale Druckdifferenz festlegen und zwar könnten sämtliche Intervalle dieses Meßbereiches mit einer Genauigkeit im Verhältnis der Übersetzung 1 zu 400, d. h. bis auf etwa 0,005 mm genau ermittelt werden. Diese Instrumente können ebenfalls vermöge der Photographie leicht zu registrierenden umgewandelt werden. Auch die präzisen Instrumente der Firma R. Fuess-Steglitz-Berlin sind hier zu erwähnen.

Eine zpezielle Verwendung findet dieses Manometer zum Messen des Gewichtsunterschiedes von Gasen, sei es zur Bestimmung des spezifischen Gewichtes derselben selbst oder sei es auch zur Ableitung des Kohlendioxydgehaltes in Verbrennungsgasen usw.

Das von Recknagel angegebene Meßprinzip ist folgendes:

In ein senkrechtes Rohr von bestimmter Länge, z. B. 1 m, wird irgend ein Gas eingefüllt; der eine Schenkel des Differenz-Manometers wird mit dem Rohr verbunden, der andere Schenkel verkehrt mit der atmosphärischen Luft. Hat das in dem Metallrohr eingeschlossene Gas die gleiche Dichtigkeit wie die umgebende Luft, so wird das Manometer keinen Ausschlag zeigen; ist das Gas leichter als Luft, so wird der Ausschlag nach der Seite des eingeschlossenen Gases hin erfolgen und umgekehrt.

Die atmosphärische Luft wiegt bei Normal-Bedingungen pro 1 cbm 1,291 kg; irgendein Gas von beispielsweise 1,000 kg Gewicht pro 1 cbm gibt demnach eine Gewichtsdifferenz von 1,291 − 1,000 = 0,291 kg.

Bei 1 m Gassäulenhöhe und 1 cbm aber entsprechen 1 kg Gewichtsdifferenz einem Druckunterschied von 1 mm Wassersäule, mithin hat man hier bei analogen Verhältnissen eine Gewichtsdifferenz von $\frac{0,291 \text{ kg}}{1000} = 0,291$ mm Wassersäule. Nimmt man ferner statt 1 m Höhe eine Gassäule von 2 m Höhe, so beträgt die Druckdifferenz beider Gase 2 . 0,291 = 0,582 mm Wassersäule; für verschiedene Gasdichten erhält man auf diese Weise bei 2 m Gassäulenhöhe folgende Ausschläge:

Gewicht pro 1 cbm in kg	Druckdifferenz in mm Wassersäule	Gewicht pro 1 cbm in kg	Druckdifferenz in mm Wassersäule
1,25	0,082	0,85	0,882
1,20	0,182	0,80	0,982
1,15	0,282	0,75	1,082
1,10	0,382	0,70	1,182
1,05	0,482	0,65	1,282
1,00	0,582	0,60	1,382
0,95	0,682	0,55	1,482
0,90	0,782	0,50	1,582

Hat man z. B. ein Generatorgas, dessen Gewicht pro 1 cbm 1,065 kg beträgt, so würde ein Druckunterschied von $\sim$ 0,452 mm Wassersäule resultieren. Man würde den Verdränger d des Mikromanometers demnach bei der Messung auf 4 mm einstellen, die Flüssigkeit würde dann noch um den Betrag $(0,452 - 0,400) \times 400 = 20,9$ mm auf der Skala ansteigen.

Ein vollständiger Apparat zu solchen Messungen, ausgeführt von der Firma G. A. Schultze, Charlottenburg, ist in Fig. 22 dargestellt. Neben der gleichen Bezeichnung der Buchstaben für das Mikromanometer analog Fig. 21 hat man weiter die Gasabfangvorrichtung in g, einem Metallrohr, welches oben und unten vermöge mit Stange h gekuppelter Hähne verschlossen werden kann.

Die Verbinduug des Mikromanometers mit g geschieht in der gezeichneten Weise, wenn das Gas in g leichter wie Luft ist; tritt der umgekehrte Fall ein, so muß der mit dem Meßrohr verbundene Schlauch nach g an das Schlauchstück der Dose a befestigt werden. Durch Betätigung eines Gummiaspirators l gelangt irgend ein zu untersuchendes Gas durch ein Filter k nach dem Rohre g. Die Hahnstellung in dieser Ansaugelage zeigt y; hat man genügend Gas angesaugt, so legt man die Hähne in Lage z um.

Hierdurch gelangt nun das in g befindliche Gas in Wirkung auf das Mikromanometer, welches je nach der Dichtigkeit des Gases gegenüber der der Luft in diesem oder jenem Sinne ausschlagen wird.

Druckdifferenzen von 10 und mehr Millimetern können entweder in Manometern aus kommunizierenden Glasröhren mit dahinter

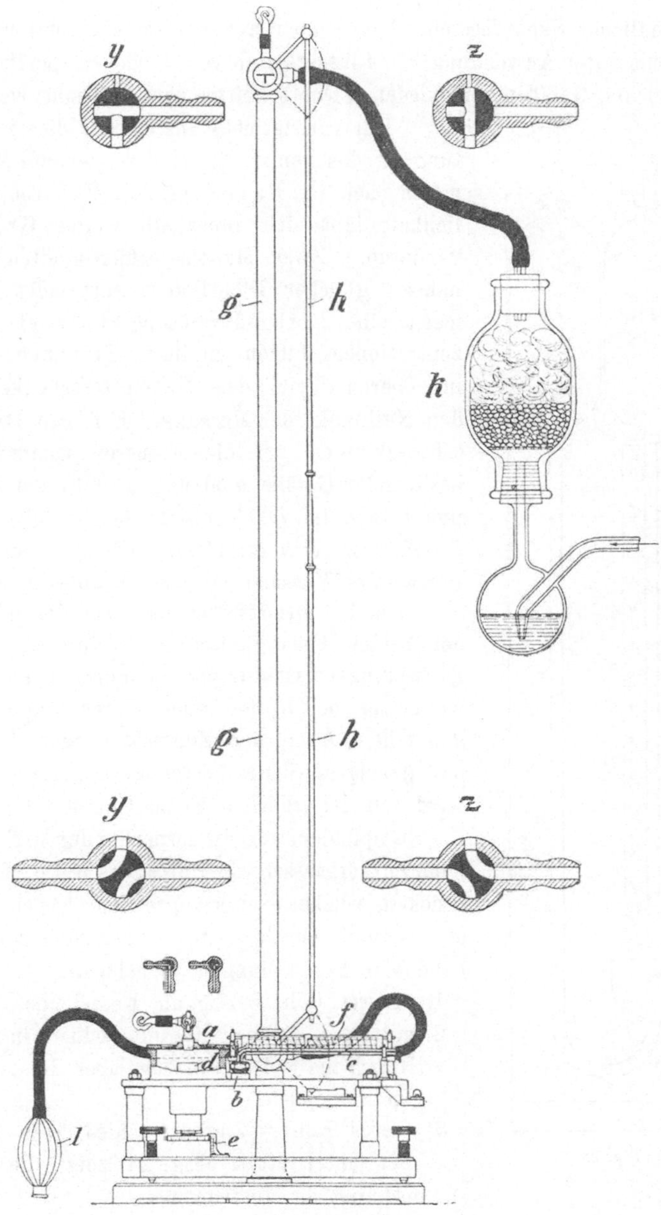

Fig. 22.

befindlicher Skala bestehend oder aber genauer im übersetzten Verhältnis unter Anwendung von Flüssigkeiten verschiedenen spezifischen Gewichts, Gefäßen verschiedenen Querschnittes usw. bestimmt werden.

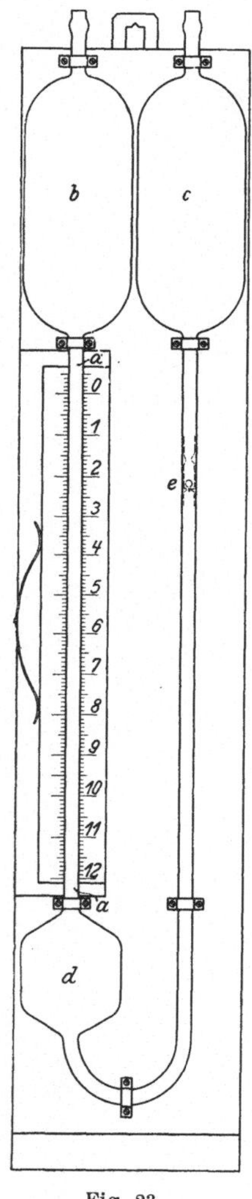

Fig. 23.

Ein vorzügliches Instrument dieser Gattung ist das von G. A. Schultze gebaute Manometer nach Dr. Rabe (Fig. 23). Die Empfindlichkeit läßt sich innerhalb weiter Grenzen variieren. Zwei Manometerflüssigkeiten von nahezu gleicher Dichtigkeit, verwendet wird meist eine Karbolsäurelösung in zwei Konzentrationen, bilden an ihrer Trennungsstelle im oberen Teile des Manometerschenkels a den Nullpunkt der Messung. Erfolgen Druckschwankungen auf die größeren Querschnitt besitzenden Gefäße b oder c, so wird der Nullpunkt in a im Verhältnis der Querschnitte von b und c zu a verschoben, wodurch man den Betrag der Messung vergrößert ablesen kann.

Um bei Druckstößen usw. ein Vermischen der beiden Flüssigkeiten zu verhindern, sind Drosselungsvorrichtungen in Form einer Erweiterung bei d und einer Verengung e angebracht. Auch der Zugmesser nach Krell mit geneigter Skala leistet gute Dienste und wird von der gleichen Firma geliefert.

Empfehlenswert ist fernerhin der Verbund-Differenzzugmesser von Hallwachs & Co., Saarbrücken, welcher drei geneigte Meßrohre enthält, die folgende, noch später eingehender zu behandelnde Feststellungen vornehmen:

1. unteres Rohr = Zug am Kesselende,
2. mittleres Rohr = Zugunterschied in der Heizfläche = Differenzzug über Rost und am Kesselende,
3. oberes Rohr = Zugunterschied über Rost und unter Rost. Fig. 24 zeigt die Anordnung des Instruments.

Als Zeigerinstrumente sind Manometer für diese Druckdifferenzmessungen ebenfalls vielfach in Anwendung. Man benutzt namentlich

zwei Methoden, um Druckunterschiede messend auf einen Zeiger ein-
wirken zu lassen, einmal
die Störung des Gleichge-
wichtes von Flüssigkeits-
niveaus, womit Variatio-
nen in den Höhenlagen
schwimmend montierter
Gegenstände verbunden
sind, das andere Mal durch
Einwirkung von Druck-
differenzen auf dünne,
leichte Metallfedern, speziell Plattenfedern, wel-

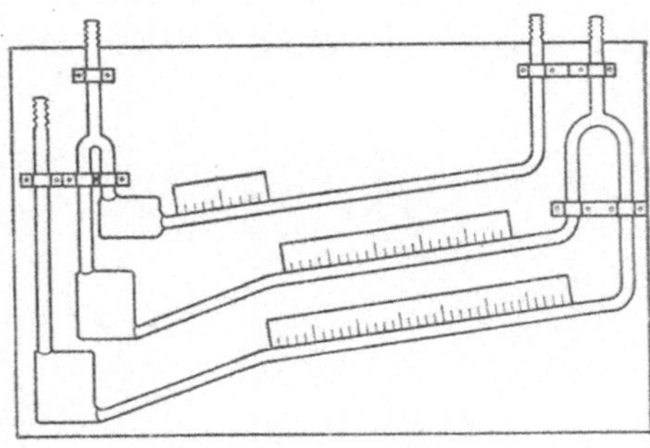

Fig. 24.

che eine Verdrehung des Zeigers durch Hebelübersetzung herbeiführen.

Es kann hier als Beispiel
auf den Verbundzugmesser der
Firma G. A. Schultze, Charlottenburg (Fig. 25), und auf den
Zugometer nach Schubert, gebaut von der Firma Max Schubert, Chemnitz (Fig. 26), hingewiesen werden.

Beide Instrumentgruppen
können bequem zu registrierenden Apparaten ausgebildet werden, beide haben, untereinander
betrachtet, gewisse Nachteile
und Vorteile gegeneinander, so
daß bei der Auswahl sowohl
Geschmack als auch Preis allein
den Ausschlag geben werden.
Während z. B. die Flüssigkeit
in einem Instrument, wenn auch
langsam, verdampft, hat man
im anderen Fall ein als Funktion
der Zeit auftretendes Nachlassen
der Spannkraft der Platten-
feder usw.

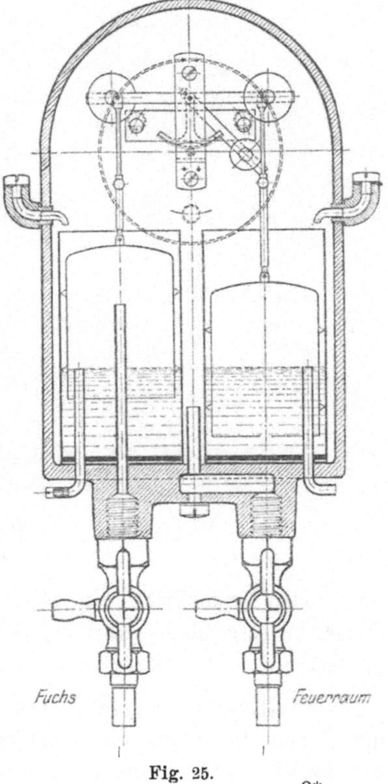

Fig. 25.

9*

Zur Untersuchung von Druckdifferenzen unter hohem Druck, z. B. bei Dampfgeschwindigkeitsmessung in Dampfleitungen, hat man besonders konstruierte Manometer zu verwenden, welche einmal

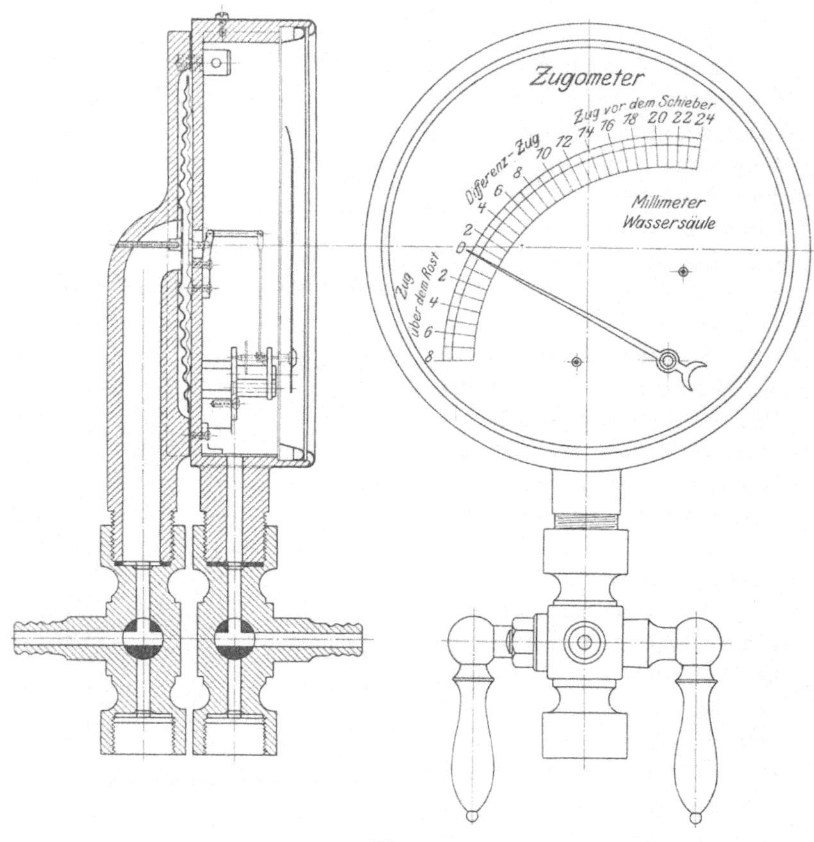

Fig. 26.

den hohen Druckkräften genügend Widerstand leisten können und ferner befähigt sind, selbst kleine Druckdifferenzen messend erkennen zu lassen.

In Fig. 27 ist ein hierzu geeignetes Instrument abgebildet; die Hähne sind durch einen Lenker gemeinschaftlich verbunden, um gleichzeitig geöffnet und geschlossen werden zu können.

Als Manometerflüssigkeit wendet man entweder Quecksilber, Chloroform, spezifisches Gewicht 1,526, Schwefelkohlenstoff, spezifisches Gewicht 1,292, Anilin usw. an, Substanzen, die schwerer als Wasser und unlöslich in demselben sind. Der Raum über diesen Flüssigkeiten füllt sich von selbst mit Wasser, herrührend aus dem kondensierten Dampf, an. Es ist vorteilhaft, in den Rohrleitungen zum Manometer vor den Hähnen zwei gleichdimensionierte Schleifen anzubringen, in welche sich Fremdkörper aus der Hauptdampfleitung absetzen können und so nicht in die Meßrohre gelangen.

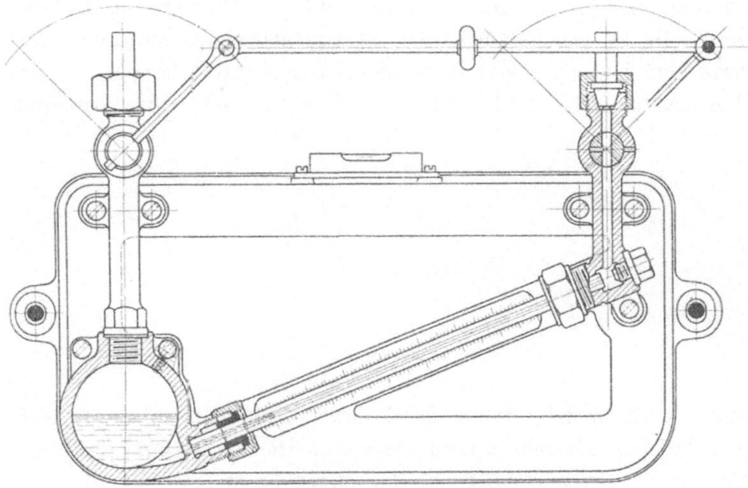

Fig. 27.

Für den gleichen Zweck (Bestimmung der Dampfgeschwindigkeit in Rohrleitungen) existieren Spezialmanometer verschiedener Firmen, welche alle sicher funktionieren und mehr oder minder leicht zu bedienen sind.

Aus der Drosselung des Dampfes wird die Geschwindigkeitsmessung abgeleitet. Man schaltet zwischen 2 Flansche einer Leitung eine Scheibe, deren Durchgang kleiner ist als der Durchmesser der Rohrleitung, und mißt bei durchströmendem Dampf die Aufstau- und die Unterpressung vor und hinter derselben durch zwei Röhrchen, welche in einen sog. Regulator münden; letzterer besteht aus zwei getrennten, mit Wasser gefüllten Räumen, welche mit einem Quecksilbermanometer kommunizieren. Das Meßprinzip ist ähnlich dem

von Recknagel angegebenen und von Krell für Gasgeschwindig-
keitsmessung weiter ausgebauten Verfahren. Das Instrument kann
auch zu einem registrierenden gemacht werden.

Der Überdruck nach Kilogramm pro Quadratmeter endlich
wird durchweg mit den bekannten Federmanometern gemessen,
welche bequem mit einem Kontrollinstrument verglichen werden
können und auch leicht zu Registrierinstrumenten umzubilden sind.

Auf Messung von Druckdifferenzen beruht endlich auch das
in Fig. 28 dargestellte Instrument zur Bestimmung der Zirkulations-
richtung und Größe des zu verdampfenden Wassers im Röhren-
kessel; die in dem Versuch auf S. 84 angegebenen Geschwindigkeits-
werte sind hiermit gemessen worden. Der Apparat besteht aus dem
Flügelrad a, welches auf eine Achse b gesetzt ist. Die Verschrau-

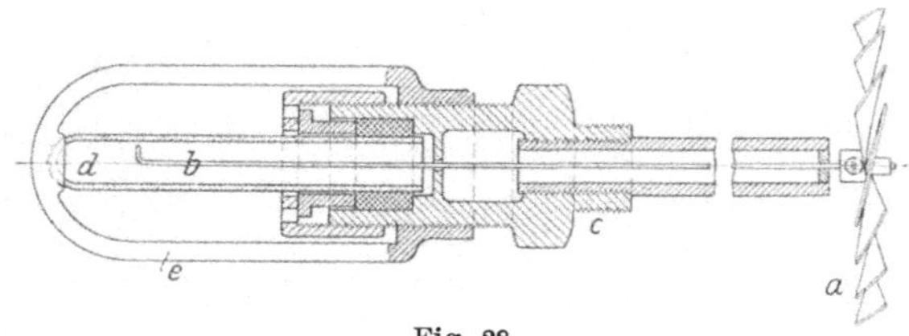

Fig. 28.

bung c wird in die Öffnung der Rohrwand eines Dampfkessels ver-
schraubt. Das Glasrohr d wird durch eine Stopfbüchse und Rahmen e
gehalten, im Betriebe füllt sich der ganze Raum mit Wasser an.

An der umgebogenen Spitze der Achse b erkennt man sowohl
die Richtung des auf a einwirkenden Wasserstromes als auch die
Geschwindigkeit desselben durch Bestimmung der Tourenzahl pro
Zeiteinheit. Die Vorrichtung rührt von L. u. C. Steinmüller, Gummersbach, her.

c) Die Gaszusammensetzungsmessung.

Auch hier kann unterschieden werden in Apparate, welche für
einzelne Untersuchungen verwandt werden und einer persönlichen
Bedienung des jeweiligen Beobachters bedürfen, und in solche, welche
für die laufende Betriebskontrolle kontinuierlich arbeiten und die
gewonnenen Resultate in einem Diagramm selbsttätig aufzeichnen.

Je nach der Art der Wirkungsweise des Instruments kann
man die kontinuierlich arbeitenden Apparate weiter einteilen in eine

Klasse, welche durch chemische Reaktionen, und in eine Klasse, welche durch physikalische Zustandsänderungen arbeitet.

Zur Bestimmung von Kohlendioxyd, Kohlenoxyd, Äthylen, Wasserstoff, Sauerstoff, Produkte der Vergasung, Entgasung oder unvollkommenen Verbrennung von Brennstoffen also, kann· der in Fig. 29 dargestellte Apparat benutzt werden.

Man kann diese Gasarten in bezug auf ihre Bestimmbarkeit trennen in solche, welche durch Absorption, und in solche, welche durch Verbrennung und Festlegung der Verbrennungsprodukte ermittelt werden können.

In dem hier beschriebenen Apparat werden durch Absorption Kohlendioxyd, Sauerstoff und Äthylen ermittelt, während durch Verbrennung Kohlenoxyd, Methan und Wasserstoff festgestellt werden. Man kann nun z. B. auch durch ammoniakalische Kupferchlorürlösung Kohlenoxyd absorbieren, ferner Wasserstoff katalytisch mit feinzerteiltem Palladium abscheiden usw., jedoch iet es am einfachsten, in der vorerwähnten Weise zu verfahren, weil die anderen Methoden sowohl bedeutend mehr Zeitaufwand als auch eine umständlichere Apparatur erfordern.

Die Absorptionsmittel der einzelnen Gasbestandteile sind folgende: für Kohlendioxyd findet Kalilauge Verwendung, für Sauerstoff wird alkalische Pyrogallollösung und für Äthylen rauchende Schwefelsäure in Anwendung gebracht. Die Verbrennung von Kohlenoxyd, Methan und Wasserstoff wird unter Zuhilfenahme atmosphärischen Sauerstoffs durchgeführt. Das Gas wird zu diesem Zweck mit Luft vermischt und sowohl das Gas als auch das Luftquantum durch Messung bestimmt. Da der Sauerstoffgehalt der atmosphärischen Luft konstant ist ($\sim$ 21 Vol.-Proz. Sauerstoff und $\sim$ 79 Vol.-Proz. Stickstoff), ist der Gehalt an freiem Sauerstoff im hinzugebrachten Luftquantum leicht berechenbar. Nach der Verbrennung bestimmt man wieder das Gesamtgasvolumen, ermittelt das gebildete Kohlendioxyd und mißt noch den überschüssigen, freien Sauerstoff. Die hierbei auftretenden Reaktionen lassen sich wie folgt darstellen:

$$CO \quad + \quad O \quad = \quad CO_2$$

2 Volumen Kohlenoxyd + 1 Volumen Sauerstoff = 2 Volumen Kohlendioxyd; die Kontraktionsgröße hat hier den Wert von $^1/_2$.

$$CH_4 \quad + \quad 4O \quad = \quad CO_2 + 2H_2O$$

2 Volumen Methan + 4 Volumen Sauerstoff = 2 Volumen Kohlendioxyd; das Wasser kondensiert, die Kontraktionsgröße hat hier den Wert von 2.

$$H_2 \quad + \quad O \quad = \quad H_2O$$

2 Volumen Wasserstoff $+$ 1 Volumen Sauerstoff $=$ $^3/_2$ Volumen Wasser;

die Kontraktionsgröße hat hier den Wert von $^3/_2$.

Man hat demnach die Summen Σ der einzelnen Kontraktionsgrößen zu:

$$\Sigma = {}^1/_2\, CO + {}^3/_2\, H + 2\, CH_4,$$

das Gesamtvolumen V zu:

$$V = CO + H + CH_4$$

und die Summa des gebildeten Kohlendioxyds CO_2 zu:

$$CO_2 = CO + CH_4,$$

endlich die Mischungsverhältnisse untereinander zu:

$$\left.\begin{array}{l}
\textbf{Kohlenoxyd } \boldsymbol{CO} = {}^1/_3\, CO_2 + V - {}^2/_3\, \Sigma \\
\textbf{Wasserstoff } \boldsymbol{H} \ = V - CO_2 \\
\textbf{Methan } \boldsymbol{CH} \quad = {}^2/_3\, CO_2 - V + {}^2/_3\, \Sigma
\end{array}\right\} \qquad (28)$$

In dem entstehenden Beispiel ist die Verwertung dieser Ansätze klargelegt.

Zur Beschreibung des Apparates selbst übergehend, muß auf die Figur hingewiesen werden.

Nach den Funktionen der einzelnen Apparatbestandteile kann man unterscheiden: die Gasmeßvorrichtung, die Absorptionsvorrichtung und die Gasverbrennungsvorrichtung. Die Gasmeßvorrichtung besteht aus einem kalibrierten Rohr a, einem Niveaurohr b und dem Druckgefäß c, die Bürette ist an beiden Enden mit Dreiwegehähnen versehen; der obere Hahn ist im Meßrohr eingeschliffen; es ist diese Anordnung notwendig, um eine sichere und schnelle Reinigung vornehmen zu können; der untere Dreiwegehahn verkehrt durch einen Gummischlauch sowohl mit dem Niveaurohr b als auch mit dem Druckgefäß c. Die Gassaugevorrichtung d ist ferner hier angebracht.

Das Gas gelangt durch ein mit Filtermaterial gefülltes Rohr e, passiert die Bürette a und tritt bei Betätigung der Ansaugevorrichtung d und entsprechender Stellung beider Dreiwegehähne durch d aus. Die Teilung auf a beginnt am oberen Hahn und ist in Kubikzentimetern durchgeführt, die einzelnen Teilintervalle entsprechen je 0,2 ccm; die Bezifferung der Volumina ist doppelt angebracht und zwar liegt auf der einen Seite der Nullpunkt am oberen, auf der anderen Seite am unteren Dreiwegehahn. Das Druckgefäß c

gleitet über eine Schnurrolle und kann durch eine Klemmvorrichtung in jeder beliebigen Lage fixiert werden.

Um das Einstellen des Gasquantums in der Bürette bequem unter atmosphärischem Druck ausführen zu können, ist ein auf a und b verschiebbares Ableselineal f angebracht.

Die Absorptionsvorrichtung besteht aus 3 Absorptionsgefäßen g, dieselben setzen sich zusammen aus einem eigentlichen Reaktionsraum, in welchen ein Überlaufgefäß eingeschliffen ist; letzteres trägt am Hals einen Hahnstöpsel zum Absperren des Hinzutritts atmosphärischer Luft zur Absorptionsflüssigkeit. Von oben nach ·unten gezählt, befinden sich im ersten Gefäß Kalilauge, im zweiten alkalische Pyrogallollösung, im dritten Gefäß endlich rauchende Schwefelsäure. Sämtliche Reagentien werden bis zum schwach nach oben gebogenen Kapillarrohransatz des Absorptionsgefäßes aufgefüllt.

Sowohl die Absorptions- als auch Gasverbrennungsvorrichtungen sind in metallene Teller federnd befestigt, welche ihrerseits auf eine schwalbenschwanzförmige Metallschiene k montiert sind.

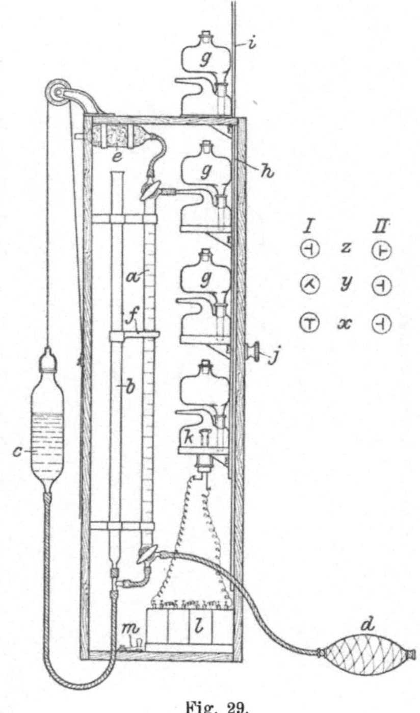

Fig. 29.

Diese gleitet in ein am Apparatkasten befestigtes Metallbett h; eine Klemmschraube j gestattet, die Gleitschiene i in jeder gewünschten Lage zu fixieren. Man kann auf diese Weise sicher und in kurzer Zeit sowohl das Kalilaugenabsorptionsgefäß als auch das Gefäß mit rauchender Schwefelsäure etc. mit dem oberen Dreiwegehahn der Bürette a verbinden, um eine Absorption vorzunehmen, und benötigt hierzu nur eines einzigen kurzen, dickwandigen Gummischlauches,

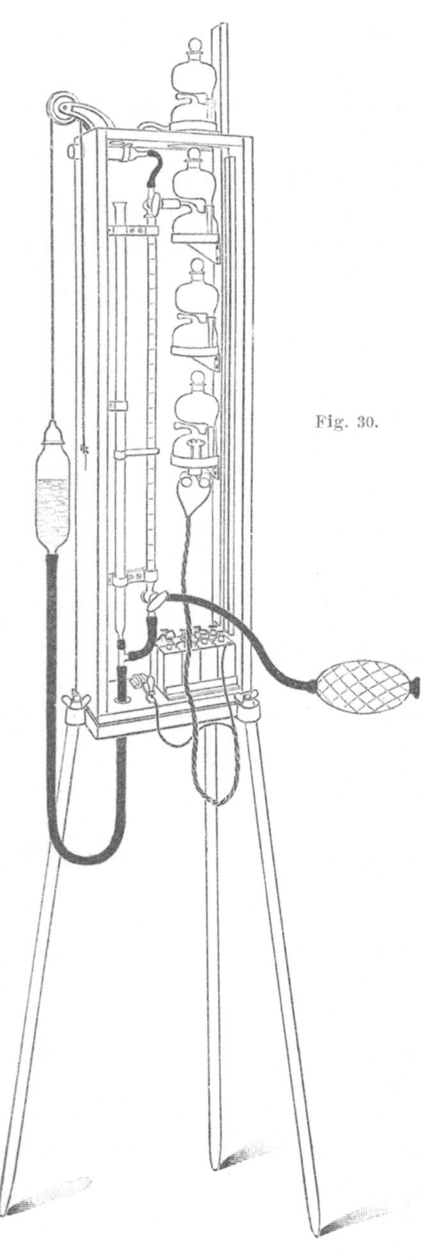

Fig. 30.

welcher die fast bündig liegenden Kapillaren der zu verbindenden Gefäße überdeckt.

Es sind hiermit bei schnell erfolgender und präziser Verbindung von Meß- und Absorptionsgefäß Gummiverschlüsse auf das denkbar geringste Minimum reduziert.

Die Gasverbrennungsvorrichtung besteht aus einem den Absorptionsgefäßen ähnlichen Behälter k, welcher am Boden einen eingeschliffenen Stopfen besitzt; in diesen sind gasdicht und isoliert zwei Polenden untergebracht, welche oben durch einen dünnen, spiralig aufgewundenen Platindraht kurz geschlossen sind. Zwei am unteren Ende des Gefäßes befindliche Polklemmen gestatten durch Drähte eine Verbindung mit der Stromquelle l herzustellen. Diese besteht aus 8 kleinen Trockenelementen, wie solche für Meßbrücken etc. verwandt werden, die Schaltung ist hintereinander, also auf Spannung, angeordnet. Ein Stromschlüssel m gestattet das Ein- und Ausschalten des Stromes; bei durchfließender Elektrizität gelangt die Platinspirale in weißglühenden Zustand, wodurch Entzündungen von brennbaren Gasen, welche die Spirale umgeben, eingeleitet werden können. Der Apparat ruht auf einem metallenen Stativ, welches leicht durch Lösen einiger Verschraubungen entfernt werden kann, das ganze Instrumentarium ist in einem mit Schiebedeckeln armierten Kasten untergebracht, welcher, in einem am oberen Teil angeordneten Handgriff erfaßt, bequem und sicher transportiert werden kann.

Die Gesamtanordnung des Apparates zeigt Fig. 30.

Die Handhabung des Instrumentes möge an einem Beispiel illustriert werden.

Nachdem das Druckgefäße c zu $^2/_3$ mit Wasser angefüllt ist, stellt man durch Heben desselben die Flüssigkeit so ein, daß dieselbe gerade bis an den unteren Dreiwegehahn der Bürette steht. Nunmehr verbindet man das Gasrohr des Filters e mit der Gaszuleitung, aus welcher Gasproben entnommen und analysiert werden sollen. Die Absorptionsflüssigkeiten, Kalilauge, Pyrogallol und Schwefelsäure, sind bis zu den an den Gefäßen geschmolzenen Kapillaransätzen aufgefüllt, ebenso ist das Verbrennungsgefäß mit dem gleichen Quantum luftfreien Wassers beschickt.

In der ersten Phase der folgenden Untersuchung wird das zu beobachtende Gas angesaugt. Die Dreiwegehahnstellen (in Fig. 29 bedeutet I oberer, II unterer Hahn der Bürette a) befinden sich hierbei in Stellung z. Beim Zusammendrücken des Saugers d gelangt das Gas aus dem Gaskanal durch das Filterrohr, passiert die Bürette und gelangt endlich durch d ins Freie. Nachdem man auf diese Art Gas angesaugt hat, dreht man Hahn II in Stellung y, hebt das Druckgefäß c etwas an, so daß die Sperrflüssigkeit innerhalb der Teilung der Bürette a tritt, und schließt den oberen Hahn gemäß der Stellung y der Figur. Das Gas ist nunmehr in der Bürette a eingeschlossen und kann jetzt mit der Bestimmung des Volumens desselben begonnen werden. Zu diesem Zweck verschiebt man das Druckgefäße so lange, bis das Niveau der Sperrflüssigkeit sowohl in a als auch in b gleich hoch steht; um diese Operation möglichst schnell und genau durchzuführen, benutzt man zur Einstellung das Ableselineal f. Nachdem man sich von der Konstanz des über der Sperrflüssigkeit abgegrenzten Gasvolumens überzeugt hat, liest man an der Teilung ab; das Volumen betrage 94,8 ccm. Man verbindet nun das mit Kalilauge gefüllte erste Absorptionsgefäß mit dem Kapillaransatz des oberen Dreiwegehahnes, stellt die Hähne I und II in Stellung x der Figur, hebt das Druckgefäß c

langsam so hoch, bis die Sperrflüssigkeit an den oberen Hahn tritt, und treibt hierdurch das gesamte Gas in den Absorptionsraum.

Nach Beendigung der Absorption senkt man das Druckgefäß c langsam und stellt den oberen Dreiwegehahn, nachdem die Absorptionsflüssigkeit wieder bis in die Kapillarröhre des Gefäßes g gelangt ist, in Stellung y. Wiederum ist nun durch entsprechendes Heben oder Senken des Druckgefäßes c das Niveau des Sperrwassers in den Röhren a und b gleichzumachen und sodann abzulesen. Man erhalte hier 90,2 ccm. Jetzt entfernt man die kurze Schlauchverbindung zwischen a und g, schiebt nach Lösen der Klemmschraube j den Schlitten i so weit in die Höhe, daß das zweite, alkalische Pyrogallollösung enthaltende Absorptionsgefäß bündig mit dem oberen Dreiwegehahn ist.

Nach erfolgter Festklemmung der Gleitschiene und Verbinden mit dem Gummischlauch stellt man die Hähne in Stellung x und führt die Absorption und Messung genau in der soeben geschilderten Weise aus.

Am Ende der Reaktion erhalte man hier 89,9 ccm. In gleicher Art ermittelt man den Gehalt an Äthylen vermittelst rauchender Schwefelsäure. Man erhalte 89,7 ccm.

Es verbleiben jetzt noch die brennbaren Substanzen. Man muß zu diesem Zweck das Gas mit Sauerstoff mischen, um eine Verbrennung herbeiführen zu können, und zwar wird dieser am bequemsten aus der atmosphärischen Luft entnommen.

Wollte man den ganzen Gasrest von 89,7 ccm verbrennen, so würde man hierzu mehr Luft benötigen, als die Bürette aufzunehmen imstande ist. Deshalb läßt man etwas Gas heraus und erhält schließlich beispielsweise 34,2 ccm. Durch Senken des Druckgefäßes c und Stellung des Hahnes I in Lage x läßt man Luft in a eintreten und bringt den Hahn I wieder in Stellung y; nach dem Messen erhält man beispielsweise 70,9 ccm, bestehend aus 34,2 ccm Gas und (70,9—34,2) = 36,7 ccm atmosphärischer Luft. Man schiebt jetzt die Gleitschiene so hoch, daß das letzte (Verbrennungs-) Gefäß k mit dem Kapillaransatz des oberen Dreiwegehahnes verbunden werden kann, bringt den Hahn I in Stellung x und schaltet durch den Tasterschlüssel m den elektrischen Strom aus Batterie I ein, hierdurch die Platinspirale in Weißglut versetzend. Bei langsamem Anheben des Druckgefäßes c läßt man gleichzeitig das Gas aus der Bürette in das Verbrennungsgefäß treten, die brennbaren Substanzen

CO, CH_4 und H_2 verbrennen hierbei vollkommen zu CO_2 und H_2O. Man wiederholt diese Operation, bis man sicher ist, daß das ganze Gasquantum verbrannt ist; einen Maßstab hierfür hat man in der hintereinander folgenden Ablesung von zweierlei Verbrennungen ein und desselben Gases; es ist alles verbrannt gewesen, sobald beide Ablesungen gleichen Wert ergeben haben.

Die nach Beendigung der Verbrennung sich ergebende Kontraktion betrage 12,6 ccm, entsprechend einem Stand von 58,3 ccm.

Nunmehr verbindet man das erste Absorptionsgefäß mit der Bürette und bestimmt das gebildete Kohlendioxyd. Man erhalte 6,2 ccm, entsprechend einem Stand von 52,1 ccm.

Weiter bestimmt man unter Zuhilfenahme des zweiten Absorptionsgefäßes den noch vorhandenen, aus der zugesetzten atmosphärischen Luft herrührenden Sauerstoff; man erhalte 1,2 ccm, entsprechend einem Stand von 50,9 ccm.

Zur Berechnung der Zusammensetzung des untersuchten Gases sind jetzt alle Daten gegeben; im Anschluß an die eingangs gegebenen Erläuterungen erhält man:

Ursprünglich verwandte Gasmenge . . 94,8 ccm
Nach Absorption des Kohlendioxyds. . 90,2 „ — 4,6 ccm CO_2
   „   „   von Sauerstoff . . . 89,9 „ — 0,3 „ O
   „   „   „ Äthylen . . . . 89,7 „ — 0,2 „ C_2H_4

Zum Verbrennen benutzte Gasmenge 34,2 ccm   29,0 ccm N
Hinzukommende Luft . . . . . 36,7 „ . . .   7,7 „ O
Gas und Luftmenge zusammen . . 70,9 ccm   36,7 ccm Luft

Volumen nach der Verbrennung . . . . 58,3 ccm, mithin $\Sigma = (70,9 - 58,3) = 12,6$ ccm
Volumen nach Bestimmung des gebildeten Kohlendioxyd . . 52,1 „   „ $CO_2 = (58,3 - 52,1) = 6,2$ „
Volumen nach Bestimmung des Sauerstoffs 50,9 „
Volumen des vorhandenen Stickstoffs . 29,0 „

V demnach: 21,9 ccm $(34,2 - 21,9) = V = 12,3$ ccm.

$$CO = \tfrac{1}{3}\, CO_2 + V - \tfrac{2}{3}\, \Sigma$$
$$2{,}0 \qquad + 12{,}3 - 8{,}4 = 5{,}9 \text{ ccm}$$
$$H_2 = V - CO_2$$
$$12{,}3 - 6{,}2 = 6{,}1 \text{ „}$$
$$CH_4 = \tfrac{2}{3}\, CO_2 - V + \tfrac{2}{3}\, \Sigma$$
$$4{,}0 \qquad - 12{,}3 + 8{,}4 = 0{,}1 \text{ „}$$

In Prozenten berechnet, erhält man also:

Kohlendioxyd	4,8 %	CO
Sauerstoff	0,3 „	O
Äthylen	0,2 „	C_2H_4
Kohlenoxyd	17,2 „	CO
Wasserstoff	17,8 „	H
Methan	2,9 „	CH_4
Stickstoff als Differenz	56,8 „	N
Zusammen:	100,0 %.	

Unter Anwendung der eingangs aufgeführten Tabelle Nr. II, S. 24, berechnet sich weiter der Heizwert des Gases pro 1 cbm zu:

$$CO_2 \quad \ldots \ldots \ldots \ldots \qquad \text{cal}$$
$$O \quad \ldots \ldots \ldots \ldots \ldots \qquad \text{„}$$
$$C_2H_4 \quad \frac{14\,216 \cdot 0{,}3}{100} \ldots \ldots \quad 42{,}65 \text{ „}$$
$$CO \quad \frac{3055 \cdot 17{,}2}{100} \ldots \ldots \quad 525{,}46 \text{ „}$$
$$H \quad \frac{2561 \cdot 17{,}8}{100} \ldots \ldots \quad 455{,}86 \text{ „}$$
$$CH_4 \quad \frac{8577 \cdot 2{,}9}{100} \ldots \ldots \quad 248{,}73 \text{ „}$$
$$N \quad \ldots \ldots \ldots \ldots \qquad \text{„}$$

Zusammen: 1272,70 cal.

Heizwert pro 1 cbm Gas = 1273 cal.

Zum Schluß sei noch auf die im Minimum nötige Menge zuzusetzende atmosphärische Luft zwecks Gasverbrennung hingewiesen; man nimmt auf 1 ccm Gas bei

Generatorgasen	$= \sim 1{,}1$ ccm Luft	
Mischgasen (Halbwassergas)	$= \sim 1{,}5$ „	„
Wassergas	$= \sim 3{,}6$ „	„

Des weiteren ist noch der Analysenapparat „Deutz“ zu empfehlen, der von der Firma Dr. Siebert und Kühn, Cassel, gebaut wird. Es ist ein Universalapparat zur Ausführung von Analysen an Generator-,

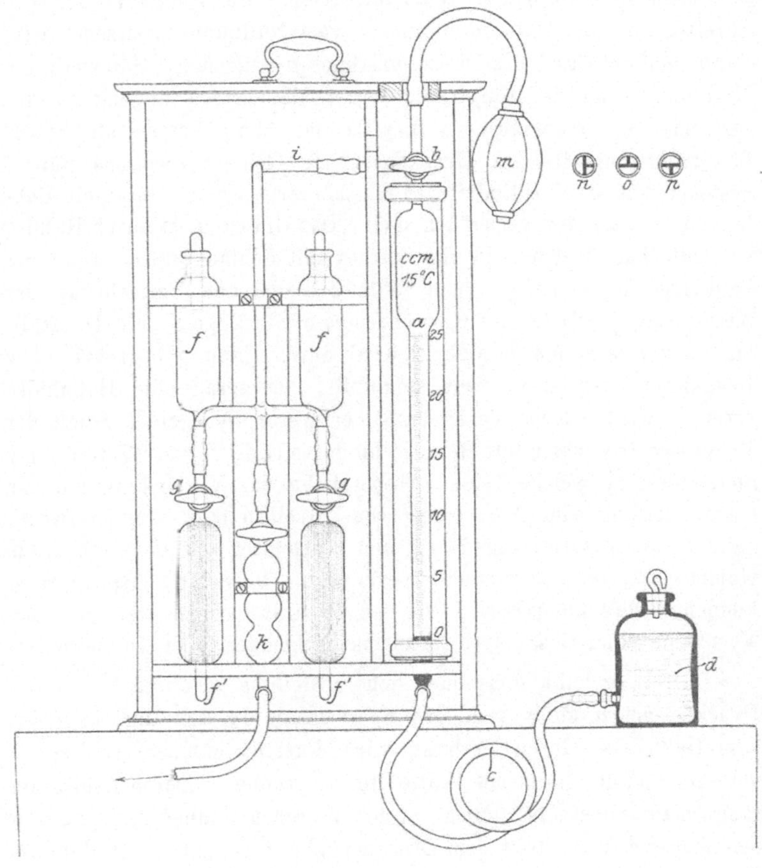

Fig. 31.

Hochofen-, Schweel-, Leucht- und Verbrennungsgasen, der leicht und sicher transportabel ist und sich durch große Handlichkeit auszeichnet.

Zur Ermittelung des Kohlendioxyd- oder Sauerstoffgehaltes der Verbrennungsgase kann der in Fig. 31 dargestellte Apparat usw. dienen. Die Gasbürette a, welche 50 oder 100 ccm Inhalt besitzt, ist von einem Zylinder umgeben, in welchem eventuell Wasser zur

Vermeidung von größeren Temperaturschwankungen befindlich ist. Eine Luftumhüllung ist jedoch in den meisten Fällen allein genügend ausreichend, da Temperaturvariationen zwischen Anfang und Ende der Absorption selten auftreten. Der Endpunkt der Gasbürette, 50 oder 100 ccm Volumen vom Nullpunkt besitzend, wird durch den Schlüssel des Dreiwegehahnes b begrenzt. Unterhalb des Nullpunktes an der Bürette ist ein Schlauchstück angeblasen und verbindet ein Gummirohr c dieselbe mit der Wasser als Sperrflüssigkeit enthaltenden Druckflasche d. Die Absorptionsgefäße f bestehen aus zwei zylindrischen Glaskörpern, welche durch ein Rohr leitend miteinander verbunden sind. Das Unterteil ist durch Hahn g verschließbar, welcher in ein kurzes mit Schlauchstück versehenes kapillares Rohr endet; man füllt dasselbe zur Vermehrung der Absorptionsoberfläche mit Glasröhren oder Glaskugeln an. Die Nulllage der Absorptionsflüssigkeit wird durch Hahn g begrenzt. Die Reagentien werden so weit eingefüllt, bis gerade die Hahnhülse erreicht wird. Eine Verbindung der Absorptionsgefäße f mit der Bürette a bewerkstelligt Rohr i; an dasselbe ist ferner Wattefilter k angeschlossen, welches einen Absperrhahn zur Verbindung mit der Gasrohrleitung oder Absperrung von derselben hat. Der Dreiwegehahn b, die Absorptionsgefäße f und Wattefilter k sind durch kurze Gummischläuche untereinander verbunden. Vermittels Aspirators m können Verbrennungsgase durch den Apparat gezogen werden. Zur Vornahme einer Gasanalyse hätte man folgendermaßen zu operieren:

Dreiwegehahn b befindet sich in Stellung n, durch Heben der Druckflasche d stellt man das Sperrwasser in der Bürette a bis zum Hahn ein; durch Drehung wird derselbe nunmehr in Lage o versetzt und der Hahn des Wattefilters k geöffnet. Durch Aspiration saugt man, selbstverständlich bei geschlossenen Hähnen g, Gas durch den Apparat und stellt den Dreiwegehahn b sodann in Stellung p. Das Sperrwasser läßt man jetzt bis zum Nullpunkt der Teilung sinken und schließt den Hahn des Wattefilters.

Das in einem bestimmten Quantum abgesperrte Gas wird durch Hineindrücken des Gases in die geöffneten Absorptionsgefäße von diesem oder jenem Bestandteil, je nach der verwandten Reagenzflüssigkeit, befreit. Ist die Absorption vollendet, so stellt man durch Senken der Flasche d die Flüssigkeit wieder bis zum Hahn g ein, verschließt diesen und bringt die Niveaus der Sperrflüssigkeit sowohl in d als auch in a auf gleiche Höhen, liest zum Schluß ferner das Resultat an der Teilung der Bürette in Volum-Prozenten ab.

Man absorbiert zuerst natürlich immer Kohlendioxyd und dann den Sauerstoff.

Durch einfache Umformung kann dieser Apparat zu einem Luftüberschußmesser, welcher direkt den Luftüberschuß in Vielfache der theoretischen Luftmenge an der Bürette abzulesen gestattet, umgebildet werden. Es ist hierzu ein mit Phosphor gefülltes Absorptionsgefäß nötig, welcher den freien Sauerstoff in den Verbrennungsgasen absorbiert. Die Teilung der Bürette ist dann nicht in Kubikzentimetern, sondern mit Bezug auf die in Tabelle VI, S. 38, angeführten Verhältnisse zwischen Luftüberschuß und Sauerstoffgehalt durchgeführt. Die Apparate Fig. 29—31 fertigt die Firma G. A. Schultze, Charlottenburg. Ein anderer Apparat zur Analyse von Verbrennungsprodukten, der ebenfalls ausgezeichnet arbeitet, ist der von Franz Hugershoff, Leipzig, gebaute Analysator nach Dr. K. Voigt; das Instrument hat sich ebenso gut auf der Reise als im stationären Betrieb bewährt.

Von den Gasuntersuchungs-Apparaten, welche ihre Messungen automatisch zu Wege bringen und die erhaltenen Resultate in ein Diagramm eintragen, sind Instrumente bekannt zur Bestimmung des Kohlendioxyd- und Sauerstoffgehaltes. Wie schon eingangs erwähnt, sind zwei Apparatgruppen vorhanden, welche auf chemischer und physikalischer Grundlage beruhen. Dieselben sollen hier nur kurz erwähnt, nicht besonders beschrieben werden, weil ohnehin jeder dieser Apparate bei Ankauf mit ausdrücklichen Anleitungen usw. versehen wird.

Zu den nach der chemischen Methode arbeitenden Apparaten gehört der von Arndt konstruierte Heizeffekt-Messer der Gesellschaft Ados in Aachen, ein Orsat-Apparat mit Registrierung. Der Ados-Heizeffekt-Messer ist in vielen Exemplaren verbreitet und arbeitet zur vollen Zufriedenheit. Das gleiche gilt von dem Apparat Oeconograph der Allgemeinen Feuertechnischen Gesellschaft Berlin.

Zu der zweiten Apparatkategorie gehört der selbstregistrierende Gasprüfer System Pintsch, im wesentlichen aus zwei Gasmeßuhren bestehend, in der ersten werden Verbrennungsgase hinsichtlich Volumen gemessen, in der zweiten nach Absorbierung von CO_2; die Differenz der Volumina als Maß des CO_2-Gehaltes der Verbrennungsgase wird registriert. Der Apparat wird von der Aktiengesellschaft Julius Pintsch, Berlin, geliefert. Schließlich sei noch der Autolysator von Strache erwähnt, der von der Prof. Dr. Strache, Wassergas- und Patentverwertungsgesellschaft m. b. H., Wien VIII, geliefert wird und ebenfalls zufriedenstellende Resultate aufweist; hierzu die Anmerkung S. 169.

Zum Schluß möge hier noch einiges über die Reagentien zur Gasanalyse vermittelst der Apparate Fig. 29 und 31 gesagt werden.

Kohlendioxyd. Verwandt wird ausschließlich Kalilauge nnd zwar gelangen auf einen Gewichtsteil käufliches Kaliumhydroxyd ca. 2 Gewichtsteile Wasser.

Sauerstoff. Verwandt wird pyrogallussaures Kali oder Phosphor. Im ersten Falle gelangen auf 5 g Pyrogallussäure 15 g Wasser, in welches weiter eine Lösung von 120 g Kaliumhydroxyd und 80 g Wasser gemischt wird. Die beste Absorptionstemperatur liegt bei ca. 20^0 C. Aus den Gasen muß selbstverständlich erst die Kohlensäure abgeschieden werden, ehe man zur Sauerstoffbestimmung schreitet. Im zweiten Fall verwendet man Phosphor in Stangenform von 3—4 mm Durchmesser. Derselbe muß vor Licht geschützt und unter Wasser aufbewahrt werden, welches von Zeit zu Zeit vorteilhaft erneuert wird. Die beste Wirkung erhält man bei Temperaturen von ca. 20^0 C. Gegenwart von Kohlenwasserstoffen wie Äthylen usw. verhindert die Absorption.

Athylen. Verwandt wird rauchende Schwefelsäure, welche mindestens 20 $^0/_0$ Anhydrid enthält.

Kohlenoxyd, Wasserstoff und Methan werden durch Verbrennung ermittelt.

d) Apparate zur Kalorimetrie und Ermittlung der Brennstoffzusammensetzung.

Zur Ermittlung des Brennwertes fester und flüssiger Körper benutzt man vorteilhaft das Kalorimeter nach Berthelot-Mahler mit der von Kröcker abgeänderten Bombenform in der Ausfertigung des Mechanikers Julius Peters, Berlin. Das gesamte Inventarium ist in Fig. 32 abgebildet. Es besteht in der Hauptsache aus der kalorimetrischen Bombe A, einem Thermometer B, einem Rührer C, einem Wassergefäß D und einem Schutzmantel E; der Antrieb des

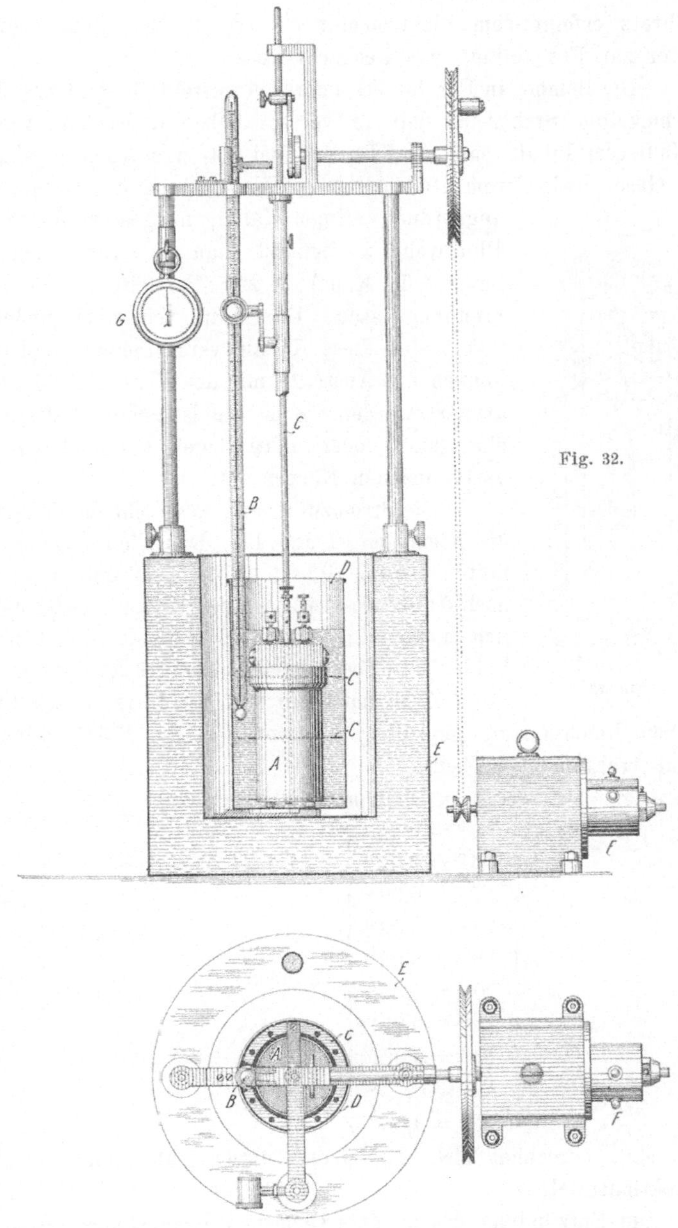

Fig. 32.

Rührers erfolgt vom Elektromotor F. G ist ein Sekundenchronometer zur Feststellung von Beobachtungszeiten.

Die Bombe, in Fig. 33 besonders dargestellt, besteht aus einem vernickelten Stahlgefäß mit festverschraubbarem Deckel, welches ~ 300 ccm Inhalt hat. Am Deckel sind Zu- und Ableitungskanäle für Gase sowie Stromzuführungen zur Entzündung des Brennstoffes

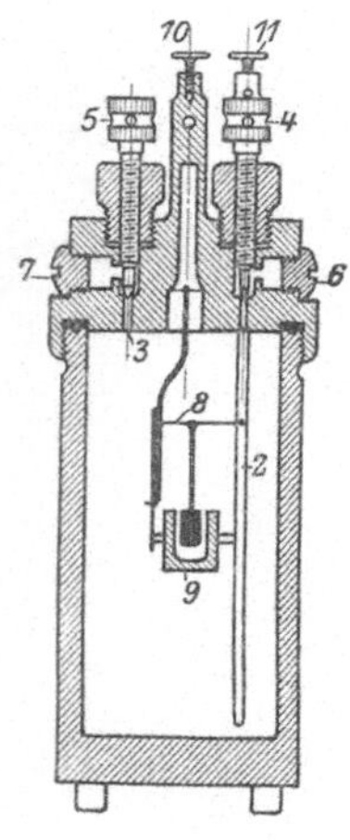

Fig. 33.

angeordnet. Einen Kanal, fortgesetzt durch das Platinrohr 2, benutzt man zur Einleitung von Sauerstoff, Kanal 3 zur Fortleitung von Verbrennungsgasen. Durch die Schraubenspindeln 4 und 5 sind diese Kanäle verschließbar; außerdem können die Austritte mit den Schrauben 6 und 7 armiert werden. 8 ist ein isolierter Platindraht; ein Quarz- oder Platintiegel 9 nimmt den zu verbrennenden Körper auf.

Die Stromzuführung geschieht endlich durch die Klemmen 10 und 11. Das Thermometer umfaßt meist ca. 10^0 C., ist in $0,01^0$ geteilt, so daß noch $0,001^0$ geschätzt werden können; es ist natürlich notwendig, bei dieser Genauigkeit auch die Fehler des Thermometers zu berücksichtigen.

Z. B. hatte ein von der Physikalisch-Technischen Reichsanstalt geprüftes Thermometer Nr. 25541 folgende Gradkorrektionen ergeben:

$$+ 14^0 = \text{ohne merklichen Fehler}$$

$$
\begin{array}{l}
+ 15^0 = 0,01^0 \\
+ 16^0 = 0,02^0 \\
+ 17^0 = 0,02^0 \\
+ 18^0 = 0,02^0 \\
+ 19^0 = 0,02^0 \\
+ 20^0 = 0,03^0 \\
+ 21^0 = 0,02^0 \\
+ 22^0 = 0,02^0 \\
+ 23^0 = 0,02^0 \\
+ 24^0 = 0,03^0
\end{array}
\right\} \text{zu hoch}
$$

Man berechnet sich auf Grund dieser Zahlenangaben eine Korrektionstafel.

Die Entzündnng des zu untersuchenden Brennstoffes geschieht auf elektrischem Wege, indem man einen Baumwollfaden, der um den brikettierten Brennstoff gewickelt ist, an einen Draht, meist Nickelin, durch Erglühen resp. Abschmelzen desselben zum Verbrennen bringt. Als Stromquelle benutzt man Tauchbatterien oder Akkumulatoren; am bequemsten jedoch fährt man bei Verwendung von Strom aus einer vorhandenen öffentlichen Leitung. Man muß natürlich die Spannung, welche meist für den Zündzweck einen zu hohen Betrag hat, drosseln. Ein bequemer Apparat ist als Schaltskizze in Fig. 34 abgebildet. Derselbe enthält sowohl die Zündvorrichtungen als auch die Regulierwiderstände für den Elektromotor als Rührwerksantrieb. Der Strom tritt an den Stellen + und − ein und teilt sich in zwei Kreise, I und II. Stromkreis I ist für den Motor bestimmt; a ist der Elektromotor; zur Variation der Touren wird der antreibende Strom durch den Regulierwiderstand verschieden verstärkt oder in seiner Intensität verringert.

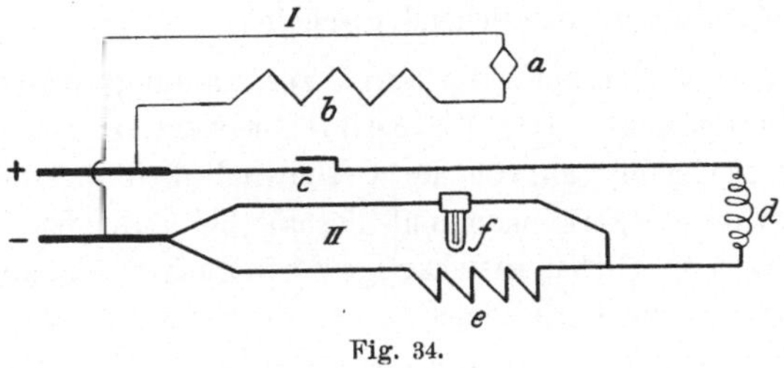

Fig. 34.

Stromkreis II dient zum Zünden; c ist ein Schalter, d der zur Verbrennung gelangende Draht, e eine Widerstandsspule und f eine Glühlampe. Bei ca. 220 Volt benutzt man in e einen Widerstand von $\sim 100\ \Omega$ und für f eine 16 kerzige Lampe. Beim Einschalten des Stromes wird die Glühlampe so lange leuchten, bis bei d durch Abschmelzen der Stromkreis unterbrochen wird; man benutzt hier die Glühlampe als Indikator für die Vorgänge der Zündung, welche, da diese sich im Innern der verschlossenen Bombe abspielen, sonst nicht sichtbar kontrolliert werden könnten.

Zur weiteren Ausrüstung des Kalorimeters gehört eine Preßvorrichtung zum Brikettieren von Brennstoffen, eine Vorrichtung zum Auffüllen von Sauerstoff unter Druck nebst Manometern und dazugehörigen Rohrleitungen, zwei Büretten zum Messen der beim Verbrennen entstehenden Salpeter- und Schwefelsäure, sowie einige Bechergläser, Filtriervorrichtungen usw.

18. Methoden der Brennstoffuntersuchung.

Die laufende Brennstoffuntersuchung gehört zu den wesentlichsten Faktoren der Betriebsübersicht, weil die Rentabilität der Dampferzeugungsanlagen von dem mehr oder minder großen Wärmewert des zur Verwendung gelangenden Brennstoffes in erster Linie abhängt. Von den beiden möglichen Kontrollmethoden, der Ermittlung der Zusammensetzung und des Heizwertes im Kalorimeter usw. und der Bestimmung des Brennwertes in einem praktischen Verdampfungs- resp. Feuerungs- oder Vergasungsversuch, können beide Bestimmungsmöglichkeiten in Betracht kommen oder aber jede dieser Methoden, je nach dem verlangten Zweck, allein. Bei grundlegenden, neuen Untersuchungen wird man beide Versuchsreihen zusammen durchführen, während später zur laufenden Übersicht, z. B. der Brennstoffqualität, richtige Probeentnahme vorausgesetzt, die Laboratoriumsarbeit allein ausreichend erscheint.

Für die Betriebskontrolle durch Verdampfungsversuche kommt folgendes in Betracht. Das Wärmeaufnahmevermögen einer Dampfkesselheizfläche hängt ab von der Geschwindigkeit und der Temperatur des Wärmeträgers; man muß deshalb bei laufenden Brennstoffuntersuchungen möglichst gleichartige Bedingungen einhalten, damit das Resultat nur die Variationen in der Brennstoffqualität, nicht der Art der Betriebsführung zum Ausdruck bringt. Man wird deshalb möglichst immer die gleiche Kesselart verwenden und eine gleichmäßige Belastung der Kesselheizfläche anstreben.

Daß dieser oder jener Brennstoff praktisch nicht immer mit dem gleichen Luftüberschuß verfeuert werden kann, hängt von seiner Struktur und seiner Zusammensetzung ab, und gelangt deshalb neben dem Wärmewert des Brennstoffs im Quantum verdampften Wassers auch die Betriebsbrauchbarkeit nach dieser Richtung hin zum Ausdruck.

Der Gang einer Heizwertsbestimmung, sowie die Ermittlung der Zusammensetzung eines Brennstoffs soll nunmehr an einem Beispiel klargelegt werden.

Von der zur Untersuchung gelangenden Brennstoffprobe wird einmal verlangt, daß diese ein getreues Abbild der zu beurteilenden Brennstoffmenge ist, und ferner, daß der ursprüngliche Wassergehalt derselben erhalten bleibt; aus zuletzt angeführtem Grunde ist die

Verpackung von Brennstoffproben in Säcken, Holzkästen, Papier-
schachteln usw. unzulässig, namentlich weil bei feuchteren Proben
hierdurch der Wassergehalt und Hand in Hand damit der Heizwert
und die Zusammensetzung stark beeinflußt werden. Ebensowenig
wie man eine wasserfreie Kohle im Laboratorium sicher verarbeiten
kann, ist es auch undenkbar, mit sehr nassen Brennstoffproben Untersuchungen durchzuführen.

Während im ersten Fall infolge hygroskopischen Verhaltens
vom Brennstoff beständig Wasser aus der atmosphärischen Luft
aufgenommen würde, verdampft im zweiten Fall das überschüssige
Wasser aus demselben, so daß z. B. schon bei der Wägung Schwierigkeiten auftreten, abgesehen davon, daß man es unter diesen Umständen mit keinem einheitlichen Körper zu tun hat.

Man macht deshalb den Brennstoff erst durch längeres Liegen
lufttrocken, nachdem man vorher eine grobe Zerkleinerung vorgenommen und eine Probe zur Wasserbestimmung entnommen hat.

Nimmt der Brennstoff aus der atmosphärischen Luft weder
Wasser auf noch gibt er letzteres ab, so bezeichnet man diesen
Zustand als lufttrockenen.

Wiederum wird vom lufttrockenen Material eine Probe zur
Bestimmung des noch vorhandenen Wassers entnommen und der
Brennstoff hierauf fein gepulvert, worauf besondere Sorgfalt zu legen
ist. Gewöhnlich bringt man die zu untersuchende Brennstoffsubstanz
als Brikett zur Verwendung, weil in dieser Form die Verarbeitung
und Wägung leichter vor sich geht; bitumenarme Brennstoffe, wie
Anthrazit, Koks usw., lassen sich natürlich nicht brikettieren
und müssen in Pulverform verbrannt werden. Zum Pressen der
Briketts dient eine zur Kalorimetereinrichtung zugehörige Vorrichtung.

Nach erfolgter Wägung des Briketts wird ein Baumwollfaden
um dieses geschlungen.

Ferner schließt man durch einen feinen Nickelindraht die Polenden 2 und 8 des Kalorimeters in Fig. 33 kurz, um welchen sodann
der Baumwollfaden mit Brikett gehängt wird; darauf wird der Quarz-
oder Platintiegel 9 darunter geschoben, so daß das Brikett frei in
diesem schwebt.

Nunmehr wird nach Verschraubung des Deckels die Bombe
mit reinem Sauerstoff unter Druck aufgefüllt, und zwar mit etwa

15 kg pro Quadratzentimeter. In das Wassergefäß D der Fig. 32 auf S. 147 wird ferner Wasser eingewogen, und zwar empfiehlt sich die Verwendung einer immer gleichbleibenden Menge, z. B. 2200 g.

Nachdem man die Bombe in das Wasser getan und der Rührer, Thermometer usw. montiert sind, kann mit den einleitenden Beobachtungen vor der Verbrennung begonnen werden. Zu diesem Zweck wird der Elektromotor eingeschaltet und hierdurch das Rührwerk in Bewegung gesetzt. Man unterscheidet bei den vor sich gehenden Beobachtungen drei Perioden, einen Vor-, Haupt- und Nachversuch. Im Vorversuch ermittelt man den Stand der Temperatur des Kalorimeterwassers, im Hauptversuch hat man nach der erfolgten Entzündung des Briketts durch Kurzschluß den Verlauf des Temperaturanstiegs und im Nachversuch endlich den Temperaturstand nach erfolgter Wärmeabgabe zu beobachten. In bezug auf den Temperaturverlauf können nun 4 Möglichkeiten auftreten:

1. das Thermometer sinkt während der Vor- und Nachperiode; die gesamt abgelesene Temperatur-Differenz ist zu klein;

2. das Thermometer steigt während der Vor- und Nachperiode; die gesamt abgelesene Temperatur-Differenz ist zu groß;

3. das Thermometer sinkt während der Vor- und steigt während der Nachperiode; die gesamt abgelesene Temperatur-Differenz kann zu klein oder zu groß oder gerade die wahre sein;

4. das Thermometer steigt während der Vor- und sinkt während der Nachperiode; die gesamt abgelesene Temperatur-Differenz kann zu klein, zu groß oder gerade die wahre sein.

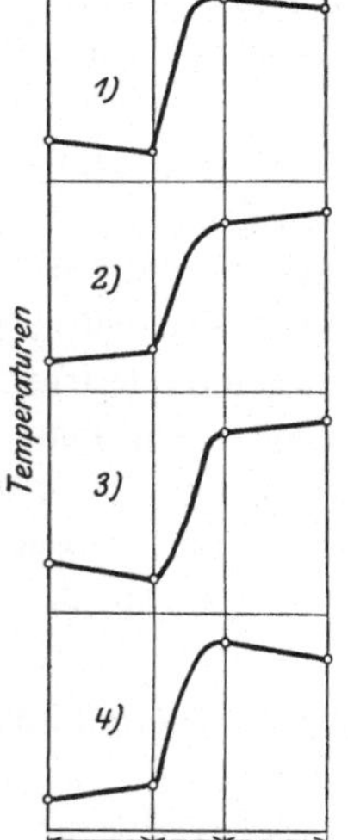

Fig. 35.

Die Fig. 35 zeigt diese Zustandsbedingungen graphisch.

Das gesamte Kalorimeter kann, wie jeder andere Körper, je nach seinen Zustandsbedingungen, nun von außen her Wärme aufnehmen oder abgeben. Da aber bei der kalorimetrischen Messung unter diesen Bedingungen Temperatur-Differenzen ermittelt werden, muß man gewisse Korrekturen anbringen, welche die wahre Temperatur-Differenz erst ergeben und die durch Wärme-Aufnahme oder -Abgabe bedingten Fehler eliminieren, so daß eine gemessene Temperatur-Erhöhung nur von der untersuchten Substanz herrührt. Die Korrektionsgröße wird hierbei so aufgefaßt, daß ihr Wert angibt, um wieviel Grade höher oder auch um wieviel Grade niedriger Zuschläge und Abzüge von einer gemessenen Temperatur-Differenz zu machen sind.

Für die nachfolgenden Betrachtungen gelten folgende Bezeichnungen:

$v =$ Verlust an Temperatur pro Intervall des Vorversuchs,

$v' =$ Verlust an Temperatur pro Intervall des Nachversuchs,

$\Theta =$ Mittlere Temperatur während des Vorversuchs,

$\Theta' =$ Mittlere Temperatur während des Nachversuchs,

$\Theta_o =$ Anfangs-Temperatur des Hauptversuchs,

$\Theta_n =$ End-Temperatur des Hauptversuchs,

$n =$ Zahl der Temperaturintervalle des Hauptversuchs,

$\sum\limits_{1}^{n-1} \Theta = \Theta_1 + \Theta_2 + \ldots + \Theta_{n-1} =$ Summe der Temperatur-Ablesungen

des Hauptversuchs mit Ausnahme der ersten und letzten Ablesung.

Von Regnault-Pfaundler ist in Müller-Pouillet, Lehrbuch der Physik, Bd. III, S. 177, eine einfache Formel zur Errechnung der Korrektionsgröße Σ_v angegeben, welche lautet:

$$\Sigma_v = nv + \frac{v' - v}{\Theta' - \Theta}\left[\sum\limits_{1}^{n-1}\Theta + \frac{\Theta_n + \Theta_o}{2} - n\,\Theta\right]. \qquad (29)$$

Eine außerordentlich praktische Annäherungsformel von Dr. Langbein (Journal für prakt. Chemie 1889, Nr. 10—11), jedoch mit den oben erwähnten Bezeichnungen, lautet:

$$\Sigma_v = (n-1)\,v' + \frac{v + v'}{2}. \qquad (30)$$

Die Verwendung beider Formeln soll das folgende Beispiel erläutern; Brennstoff oberschlesische Würfelkohle:

Formel 29.

| Brennstoffmenge 1,0087 g | | |
Vor-versuch	Haupt-versuch	Nachversuch
16,400	$\Theta_0 = 16,347$	19,290
16,389	18,250	19,273
16,378	19,248	19,257
16,368	$\Theta_n = 19,290$	19,238
16,357		19,220
16,347		19,200
98,239	$n = 3$	115,478

$$v = \frac{16,400 - 16,347}{5} = 0,0106,$$

$$v' = \frac{19,290 - 19,200}{5} = 0,018,$$

$$\Theta = \frac{98,239}{6} = 16,373,$$

$$\Theta' = \frac{115,478}{6} = 19,246,$$

$$\sum_{1}^{n-1}\Theta = 18,250 + 19,248 = 37,498,$$

$$\Sigma v = 3 \cdot 0,0106 + \frac{0,018 - 0,0106}{19,246 - 16,373}$$

$$[37,498 + \frac{16,347 + 19,290}{2} -$$

$$3 \cdot 16,373] = \mathbf{0,04776.}$$

$$\Theta_n = 19,290 - 0,0229\,[1]) = 19,26711$$
$$\Theta_1 = 16,347 - 0,0200 \;\; = 16,3270$$
$$\Theta_n - \Theta_1 = \;\; 2,94010$$
$$\Sigma v = \;\; 0,04776$$
$$\Theta_n - \Theta_1 + \Sigma v = \mathbf{2,98786}$$

Formel 29.

| Brennstoffmenge 0,9967 g | | |
Vor-versuch	Haupt-versuch	Nachversuch
17,033	$\Theta_0 = 16,981$	19,894
17,020	18,650	19,884
17,011	19,820	19,870
17,002	$\Theta_n = 19,894$	19,850
16,992		19,833
16,981		19,816
102,039	$n = 3$	119,147

$$v = \frac{17,033 - 16,981}{5} = 0,0104,$$

$$v' = \frac{19,894 - 19,816}{5} = 0,0156,$$

$$\Theta = \frac{102,039}{6} = 17,006,$$

$$\Theta' = \frac{119,147}{6} = 19,858,$$

$$\sum_{1}^{n-1}\Theta = 18,650 + 19,820 = 38,470,$$

$$\Sigma v = 3 \cdot 0,0104 + \frac{0,0156 - 0.0104}{19,858 - 17,006}$$

$$[38,470 + \frac{16,981 + 19,894}{2} -$$

$$3 \cdot 17,006] = \mathbf{0,04192.}$$

$$\Theta_n = 19,894 - 0,02894 = 19,86506$$
$$\Theta_1 = 16,981 - 0,02000 = 16,96100$$
$$\Theta_n - \Theta_1 = \;\; 2,90406$$
$$\Sigma v = \;\; 0,04192$$
$$\Theta_n - \Theta_1 + \Sigma v = \mathbf{2,94598}$$

Nach Formel (30) ergibt sich bei Verwendung der beiden gleichen Versuche:

---

[1]) Thermometer-Korrektur.

Formel 30.

$$v = \frac{16{,}400 - 16{,}347}{5} = 0{,}0106, \qquad v = \frac{17{,}033 - 16{,}981}{5} = 0{,}0104,$$

$$v' = \frac{19{,}290 - 19{,}200}{5} = 0{,}018, \qquad v' = \frac{19{,}894 - 19{,}816}{5} = 0{,}0156,$$

$$\Sigma_v = (3-1)\,0{,}018 + \frac{0{,}0106 + 0{,}018}{2} = \qquad \Sigma_v = (3-1)\,0{,}0156 + \frac{0{,}0104 + 0{,}0156}{2} =$$

$$0{,}0503 \qquad\qquad\qquad 0{,}0442$$

$$\Theta_n - \Theta_o + \Sigma_v = 2{,}9933 \qquad \Theta_n - \Theta_o + \Sigma_v = 2{,}9572$$

Mithin erhält man für beide Versuchsfälle die korrigierten Temperaturerhöhungen nach der strengeren Formel (29) zu

$$2{,}987\,86^{\,0} \qquad \text{und} \qquad 2{,}945\,98^{\,0}$$

und nach der Langbeinschen Näherungsformel (30) zu

$$2{,}9933^{\,0} \qquad \text{und} \qquad 2{,}9572^{\,0}$$

Kennt man die Temperaturerhöhung einer gewissen Menge Wasser, welche von einer dem Gewichte nach bekannten Menge Substanz, z. B. Brennstoff, aus einer Verbrennung herrührt, so kann ohne weiteres die Wärmemenge derselben berechnet werden. Nun nimmt jedoch an der Erwärmung außer dem im Kalorimeter befindlichen Wasser auch die Bombe, der Rührer, das Wassergefäß und das Thermometer teil. Um diese Wärmeabsorption zu berücksichtigen, drückt man die gesamte Apparatmasse in eine äquivalente Menge Wasser aus und nennt diese Konstante „Wasserwert des Instruments".

Zur Ermittlung derselben gibt es viele Methoden; eine sichere und zugleich bequeme ist die, eine gewogene Menge einer Substanz, deren Heizwert resp. Verbrennungswärme mit Sicherheit bekannt ist, im Kalorimeter unter gleichbleibenden Umständen wie später zu verbrennen, und die hierbei auftretende Temperaturerhöhung zu messen.

Andere Methoden sind die Auswägung der Metallmassen usw. des Instruments und die Multiplizierung mit der spezifischen Wärme, die Zumischung einer gewogenen Menge Wasser von bekannter Temperatur zum Kalorimeter und die Beobachtung der auftretenden Temperaturveränderungen, endlich die elektrische Methode, wobei ein Widerstand auf den Bombenkörper gewickelt wird und eine Strommenge sowie die Wärmeentwickelung beim Durchgang durch den Widerstand gemessen wird.

Zweifellos ist die zuletzt genannte Art der Wasserwerts-bestimmung sehr sicher, aber zur Ausführung derselben benötigt man elektrischer Präzisionsmeßinstrumente, welche wohl nicht immer am Platze sind, weshalb die Wasserwertsbestimmung nach dieser Methode am besten von der Physikalisch-technischen Reichsanstalt Charlottenburg vorgenommen wird.

Zur Bestimmung nach der ersten Methode eignen sich folgende Körper:

Naphthalin	9664 cal
Anthracen	9510 „
Salizylsäure	5320 „
Rohrzucker	3955 „

Ferner:

Phtalsäureanhydrid	5299 cal
Hippursäure	5668 „
Benzoesäure	6322 „
Benzoin	7883 „
Kampfer	9292 „

Eine Wasserwertsbestimmung ergab folgende Werte. Benutzt wurde Phtalsäureanhydrid, dessen Reinheit jedoch durch nichts garantiert war; an anderen Orten vorgenommene Ermittlungen der Verbrennungswärme ergaben auch nur 5152,9 cal. Die Zündung geschah über Nickelindraht durch Baumwollfaden; eine Zündkorrektur konnte wegen zu kleinen Betrages nicht festgestellt werden und wurde dementsprechend auch nicht in Rechnung gesetzt.

	Versuch 1	Versuch 2
Phtalsäureanhydrid	0,9935 g	1,0064 g
Korrigierter Temperaturanstieg	$2,00470^0$	$2,03106^0$
Wassermenge im Kalorimeter	2200 g	2200 g
Pro 1^0 aus der Substanz-Verbrennung erzeugt	2553,7 cal	2553,3 cal
Verbleibender Wasserwert	353,7 g	353,3 g

Für die Folge wird mit einem Wasserwert von 353 g gerechnet werden.

Es läßt sich nunmehr die Verbrennungswärme aus dem Beispiel S. 154 berechnen. Die bei der Verbrennung entstehende Wärmemenge resultiert einesteils aus dem Brennstoff, anderesteils aus der Baumwolle und dem teilweisen Verbrennen des Nickelindrahtes her;

ein besonderer Versuch gab bei Verwendung immer gleichbleibender Drahtstärken 3855 cal pro Gramm Zündwolle.

Aufgenommen wird diese gesamte Wärmemenge

1. vom Kalorimeterwasser . . . . 2200 g
2. „ Wasserwert des Instruments . . . . . 353 „
3. „ Wasser, in die Bombe gefüllt . . . . 10 „

Zusammen: 2563 g

Da nun aber in den Feuerungsanlagen die Produkte der Verbrennung als Kohlendioxyd, Wasserdampf, Schwefeldioxyd nicht, wie im hier angeführten Falle, teilweise kondensieren, sondern gasförmig entweichen, ist man, wie schon früher erwähnt, übereingekommen, die Verbrennungswärme ebenfalls auf gasförmige Verbrennungsprodukte zu beziehen und nennt die entsprechend umgerechnete Zahl den Heizwert des Brennstoffes.

Dementsprechend hat man

1. die Bildungswärme der aus dem Stickstoff der Kohle und des zur Verbrennung benutzten Sauerstoffgases herrührenden Salpetersäure und
2. die Verdampfungswärme des gebildeten und kondensierten Wassers,
3. die Bildungs- und Lösungswärme von ebenfalls in der Bombe aus dem Schwefel des Brennstoffs entstandener Schwefelsäure abzuziehen.

Diese Korrektionen lassen sich wie folgt berechnen:

1. Bildungswärme der entstandenen Salpetersäure.

Nach Berthelot (Thermochemische Messungen 1896, S. 84) werden bei der Bildung von je 1 g Molekül Salpetersäure $HNO_3 = 62,88$ g $= 14273,76$ cal frei, d. h. jedes gemessene Milligramm Salpetersäure hat den Wärmewert um 0,227 cal erhöht. Die Ermittlung der gebildeten Menge HNO_3 wird zusammen mit dem dritten Abzug, der Schwefelsäurekorrektur, ausgeführt.

2. Verdampfungswärme des kondensierten Wasserdampfes.

Für jedes Gewichts-Prozent gebildeten Wassers (selbstverständlich bezogen auf die Menge des verbrannten Stoffes) werden 600 cal in Abzug gebracht. Man muß jedoch berücksichtigen, daß sowohl hygroskopisches Wasser W als auch chemisch gebildetes Wasser aus dem Wasserstoff H hieran teilnehmen; dann erhält man die Korrektur 2 zu: ·

$$\frac{9\,H + W}{100} \cdot 600 \text{ cal.} \tag{31}$$

In dem hier erwähnten Beispiel wurden 46,16 Gew.-Proz. vom Brennstoffgewicht Wasser festgestellt, d. h. es sind hier

$$\frac{46{,}16 \cdot 600}{100} = 277 \text{ cal}$$

für Verdampfungswärme abzuziehen.

3. Bildungs- und Lösungswärme der aus dem Schwefeldioxyd, SO_2, entstandenen Schwefelsäure, H_2SO_4.

Der in den Brennstoffen immer vorhandene Schwefel oxydiert zu Schwefeldioxyd SO_2, welche sich ferner in der kalorimetrischen Bombe zu Schwefelsäure, H_2SO_4, umbildet und im vorhandenen Verbrennungswasser löst. Sowohl bei dieser Umbildung als auch Lösung im Wasser wird Wärme frei, welche auf keinen Fall im Feuerungsprozeß ausgenutzt werden kann und deshalb ebenfalls im „Heizwert" nicht mit enthalten ist. Man muß deshalb die in Wasser gelöste Schwefelsäure auf gasförmige schweflige Säure reduzieren, und zwar vermittelst einer von Langbein angegebenen Methode, bei welcher sowohl die Salpetersäure als auch der Schwefelgehalt des Brennstoffs direkt mit bestimmt werden. (Zeitschr. für angew. Chemie 1900, Heft 49 und 50.)

Die gewissermaßen bei der Verbrennung in der Bombe überschüssig entstehenden Wärmemengen aus dem Schwefel lassen sich wie folgt formulieren:

$$SO_2 + O + H_2O = H_2SO_4 = + 544 \text{ cal.}$$

Pro Gramm H_2SO_4 erhält man bei einem Molekulargewicht von 97,84

$$\frac{544 \cdot 100}{97{,}84} = + 556 \text{ cal.}$$

Die Lösungswärme von H_2SO_4 in H_2O ist gleich:

$$\frac{17860 \cdot H_2O}{97{,}84\,\dfrac{H_2O}{H_2SO_4} + 32{,}37} \tag{32}$$

Hätte man in der Bombe während der Verbrennung genau 10,0 g Wasser (was durch direktes Einwiegen bewerkstelligt wird), so erhielte man z. B. bei der Bildung von 1 g H_2SO_4 nach obigem Ansatz $+176,69$ cal für Lösungswärme. Es sind ferner 1 g S in 3,058 H_2SO_4 enthalten.

Zusammengefaßt erhält man:

Jedes Gramm H_2SO_4 aus SO_2 gebildet gibt . . . . . 556,00 cal

„   „ H_2SO_4 in 10 g H_2O gelöst gibt. . . 176,69 „

$$\Sigma + 732,69 \text{ cal}$$

Mithin erhält man für 1 g $S = 3,058\,H_2SO_4 = 732,69 \cdot 3,058 = +2240,5$ cal, d. h. für jedes gefundene Prozent S sind von der Verbrennungswärme 22,40 cal in Abzug zu bringen.

Während die zweite Korrektionsgröße (Verdampfungswärme des kondensierten Wassers) durch direkte Wägung des entstandenen Wassers in der Elementaranalyse ermittelt wird, müssen die beiden anderen Substanzen HNO_3 und H_2SO_4 getrennt und ihre Mengen durch Titration festgelegt werden.

Da nun diese chemischen Methoden dem Ingenieur meist unbekannte sind, erfolgt in größerer Breite die Darstellung derselben, und zwar nur aus dem Grunde, weil für die volle Bewertung einer Kohle auch diese Ermittlungen unbedingt nötig sind.

Nach Beendigung der Verbrennung wird der Wasserinhalt der Bombe in ein Becherglas geschüttet und die Bombe mit destilliertem Wasser ausgespült; dieser Spülinhalt gelangt ebenfalls zu der schon entnommenen Lösung, welche schwach erhitzt wird, um das absorbierte Kohlendioxyd zu entfernen.

Nach Erkalten der Lösung wird Barytwasser — $Ba(OH)_2 + H_2O$ — hinzugesetzt, wobei die vorhandene Schwefelsäure aus dem Schwefelgehalt der verbrannten Kohle in Bariumsulfat, die Salpetersäure aber in Bariumnitrat überführt wird. Sodann wird eine Natriumkarbonatlösung — $Na_2CO_3 + H_2O$ — hinzugesetzt, wodurch das vorher gebildete Bariumnitrat in Bariumkarbonat umgeformt wird. Da Bariumkarbonat unlöslich ist, fällt es aus der Lösung aus und wird abfiltriert. Der Überschuß an Natriumkarbonat endlich wird durch Titrieren mit Salzsäure ermittelt.

Die Mengenverhältnisse der zuzusetzenden Lösungen bei noch anzugebender Konzentration derselben werden durch Indikatoren bestimmt, welche ebenfalls als Lösung zugesetzt und durch Auftreten von Farben bestimmte chemische Gleichgewichtsbedingungen aufweisen; für unsere Zwecke dienen folgende:

1. Phenolphtaleïn.

Ein säureempfindlicher Indikator; in 100 ccm 90—95 % Äthylalkohol löst man 1 **g**, zur Titrierung sind 1—2 Tropfen erforderlich. Die farblose Lösung wird bei Vorhandensein schwächster Säuren rot.

2. Methylorange.

Ein alkaliempfindlicher Indikator; in 1000 ccm heißes, destilliertes Wasser wird 1 g gelöst und filtriert; zur Titrierung ist so viel Indikatorflüssigkeit nötig, daß die gesamte Lösung gerade merklich gelbe Färbung aufweist. Das Reaktionsende wird durch eine tiefere, bräunliche Nuance angezeigt.

3. $^1/_{10}$ Normal-Barytlösung.

8,5693 g $Ba(OH)_2$ werden in 1000 ccm Wasser gelöst; $^1/_{10}$ ccm Lösung enthält also 0,0085693 g $Ba(OH)_2$.

4. $^1/_{10}$ Normal-Salzsäure.

Enthält in 1000 ccm Wasser 3,6468 g HCl; $^1/_{10}$ ccm Lösung enthält also 0,0036468 g HCl.

5. Natriumkarbonatlösung.

Aus Gründen der Einfachheit wählt man Konzentrationen, die pro 1 ccm der vorerwähnten $^1/_{10}$ Normal-Salzsäure äquivalent sind. 1000 ccm Wasser müssen enthalten 5,2998 g Na_2CO_3. Da nun, wie S. 157 nachgewiesen, jedem Milligramm Salpetersäure eine Bildungswärme von 0,227 cal zukommt, da ferner am Verbrauch der Natriumkarbonatlösung die entstandene Salpetersäure gemessen wird, erhält man für die hier benutzte Lösung:

$$10 \text{ ccm } Na_2CO_3 = 0{,}063016 \text{ g } HNO_3 = 1{,}43 \text{ cal.}$$

Zusammengefaßt hat man demnach:

$$10 \text{ ccm } Ba(OH)_2 = 10 \text{ ccm } HCl = 10 \text{ ccm } Na_2CO_3$$

1 „ $^1/_{10}$ Normal-Barytlösung $= 0{,}0085693$ g $Ba(OH)_2$

1 „ $^1/_{10}$ „ Salzsäure $= 0{,}0036468$ „ HCl

1 „ Natriumkarbonatlösung $= 0{,}0052998$ „ $Na_2CO_3 = 1{,}43$ cal.

Ein Beispiel unter Anlehnung an die früher mitgeteilte Bestimmung der Verbrennungswärme möge den Gang dieses Teils der Kohlenuntersuchung noch erläutern.

Nach dem Zusatz von Phenolphtaleïn und beim Titrieren mit der Barytlösung von weiß auf rot wurden erhalten:

11,1 ccm $Ba(OH)_2$ . . . . 10,8 ccm $Ba(OH)_2$,

es erfolgt ein Zusatz von

10,0 ccm Na_2CO_3 . . . . 10,0 „ Na_2CO_3,

nach Abfiltrierung und Zusatz von Methylorange
  und Titrieren von
  5,5 ccm HCl . . . . 5,6 ccm HCl
ist die Übergangsfarbe zwischen gelb und braungelb erhalten worden.

Die Rechnung ergibt:

5,5 ccm $HCl =$ äquivalent 5,5 cm
  Na_2CO_3 überschüssig . . . . 5,6 cm $HCl = 5,6$ cm Na_2CO_3,
10,0 — 5,5 = 4,5 cm Na_2CO_3 ver-
  braucht für Umformung von
  Bariumnitrat in Karbonat, d. h.
  4,5 . 1,43 = 6,4 cal Salpetersäure-
  Bildungswärme . . . . . . 4,4 cm . 1,43 cal = 6,3 cal.
Verbrauchte 11,1 ccm Barytlösung
  — 4,5 ccm $Na_2CO_3 = 6,6$ ccm
  $Ba(OH)_2$ für Schwefelsäure. . 10,8 — 4,4 = 6,4 ccm $Ba(OH)_2$
1 ccm $Ba(OH)_2 =$ äquivalent
  0,0016 g S, demnach 6,6 . 0,0016
  $= 0,0106$ g S . . . . 6,4 . 0,0016 = 0,0102 g S
  oder in Prozent von der Kohlen-
  menge, 1 g $= 100\ \%$ gesetzt
  $= 1,06\ \%$ . . . . 　　1,02 $\%$
Abzug für Bildungs- und Lösungswärme, demnach **1,06 . 22,40**
  = 23,7 cal . . . . **1,02 . 22,40 = 22,9** cal.

Nimmt man nunmehr die vorerwähnten — S. 154 — Beispiele,
so findet man für 　　　　　　　　Formel　　　Formel
　　　　　　　　　　　　　　　　　(29)　　　(30)
1,0087 und 0,9967 g Brennstoff ergaben
  unkorrigiert . . . . 7564,9 cal　7564,9 cal
Hiervon ab für Salpetersäure . . . . . 6,4 „　　6,3 „
Reine Verbrennungswärme der Kohle . . 7558,5 cal　7558,6 cal
Verbrennungswärme der Kohle pro 1 g . 7592 „　　7584 „

Diese Werte weichen umeinander nur um 0,12 $\%$ ab; das
Mittel beträgt 7588 cal.

Zieht man sodann die Korrektur für den Wasserdampf und
für die Schwefelsäure von dieser auf 1 g Brennstoff bezogenen
Verbrennungswärme ab, so erhält man endlich den Heizwert.

Es ist an anderen Orten gezeigt worden, daß die Zusammensetzung von wesentlichem Einfluß auf gewisse Eigenschaften ist; aus diesem Grunde und auch ferner zur Ableitung rechnerischer Beziehungen muß die elementare Znsammensetzung des Brennstoffs ermittelt werden.

Es eignet sich zur Vornahme von Elementaranalysen der Breennstoffe für das feuerungstechnische Laboratorium des Ingenieurs sehr gut die von C. Heraeus in Hanau in den Handel gebrachten elektrischen Verbrennungsöfen, welche zur Aufstellung keinerlei besondere Vorkehrungen, wie etwa feuerfesten Unterbau, Abzug usw. erfordern. In Fig. 36 ist die genaue Anordnung schematisch dargestellt.

a und b sind zwei fahrbare, elektrische Heizkörper; ein Rohr aus schwer schmelzendem Glase ist durch diese geführt. Das

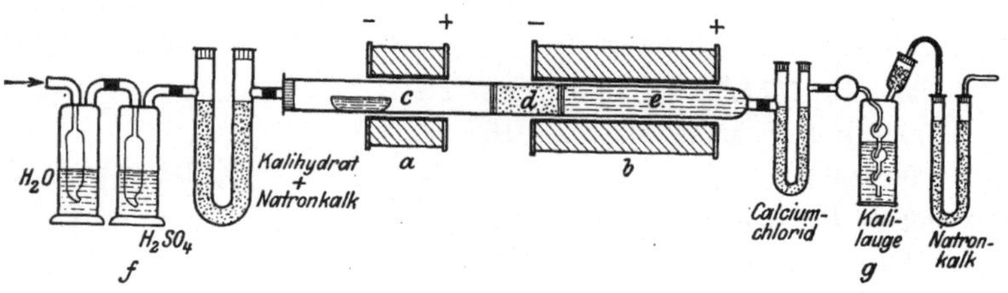

Fig. 36.

Schiffchen c aus Porzellan, Quarz oder Platin, im Verbrennungsrohr befindlich, enthält die zu untersuchende Kohle. Das Verbrennungsrohr enthält bei d Bleichromat, bei e Kupferoxyd, f ist eine Waschvorrichtung für den zur Verbrennung nötigen Sauerstoff oder atmosphärische Luft, während g die Absorptionsvorrichtung für die Produkte der Verbrennungsgase ist.

Zum Waschen dient Wasser, zum Befreien des Sauerstoffs von Wasserdampf und Kohlendioxyd wird konzentrierte Schwefelsäure, Kalihydrat und Natronkalk in Mischung benutzt.

Zum Wägen des sich bildenden Wassers aus dem H-Gehalt der Kohle benutzt man Calciumchlorid, während für Kohlendioxyd, Kalilauge und ein Natronkalkrohr dient.

Durch vorsichtiges Erhitzen der Kohle durch den Heizkörper a wird die Verbrennung bei durchströmendem, H_2O und CO_2 freiem Sauerstoff eingeleitet. Ermittelt werden hierbei H_2O, aus dem hygroskopischen Wasser und dem H-Gehalt des Brennstoffs stammend, ferner CO_2 vom C-Gehalt, endlich die Rückstandmenge, welche im Schiffchen c überbleibt, während S gebunden wird durch das dem Kupferoxyd vorgelagerte Bleichromat und $O + N$ entweichen.

Der Gang der Untersuchung an einem Beispiel stellt sich dann so:

a) Schiff c und Brennstoff . . . . 2,7286 g
Schiff c allein . . . . 2,5241 „

Brennstoffgewicht . . . . 0,2045 g

b) CO_2-Ermittlung.
Nasser Absorptionsapparat $+ CO_2$ . . . . . . 50,3945 g
Absorptionsapparat allein . . . . 49,8410 „

CO_2 . . . . 0,5535 g
Trockener Absorptionsapparat $+ CO_2$ . . . . . 45,0930 g
Absorptionsapparat allein . . . . 45,0726 „

CO_2 . . . . 0,0204 g
CO_2 zusammmen . . . . 0,5739 „

c) H_2O-Ermittlung.
Chlorkaliumrohr $+ H_2O$ . . . . 50,3826 g
Chlorkaliumrohr allein . . . . 50,2882 „

H_2O . . . . 0,0944 g

d) Im Trockenschrank wurde das hygroskopische Wasser der Kohle bestimmt zu 2,60 %. (Trocknen bis zur Gewichtskonstanz bei 103—105°.)

e) Schiff und Rückstand . . . . 2,5330 g
Schiff allein . . . . 2,5241 „

Rückstand . . . . 0,0089 g

Mit diesen gemessenen Daten läßt sich rechnerisch ableiten;

a) C-Gehalt des Brennstoffs:

Pro 1 g Brennstoff sind $\dfrac{0,5739}{0,2045} = 2,8063$ g CO_2 vorhanden.

100 Teile CO_2 enthalten 27,28 C, entsprechend $\dfrac{27,28 \cdot 2,8063}{100} =$ 0,7656 g $C = \mathbf{76,56\,\%}$ C.

b) H-Gehalt des Brennstoffs:

Pro 1 g Brennstoff sind $\dfrac{0,0944}{0,2045} = 0,4616$ g oder 46,16 % H_2O vorhanden; hiervon sind abzuziehen das hygroskopische Wasser, also verbleiben für Wasser aus dem H 46,16 — 2,60 = 43,56 %.

11*

100 Teile H_2O enthalten 11,11 Teile H, mithin $\dfrac{0,4356 \cdot 11,11}{100} =$ 0,0484 g $H = \mathbf{4{,}84\,^0/_0}\ H$.

Hierbei wäre noch zu bemerken, daß der hier ermittelte, gesammte Wassergehalt zur Bildung des Heizwertes herangezogen wird; man hätte in dem Beispiel zu setzen:

$$\frac{9\,H + W}{100} \cdot 600 = \frac{46,10}{100} \cdot 600 = 276,96 \text{ cal,}$$

welche als Verdampfungswärme des beim Verbrennen kondensierten Wasserdampfes in Abzug zu bringen sind.

c) S-Gehalt des Brennstoffs.
Der verbrennliche Schwefel ist bei der Kalorimetrie zu **1,04** $^0/_0$ ermittelt worden.

d) Hygroskopisches Wasser des Brennstoffs.
Ist besonders zu **2,60** $^0/_0$ ermittelt worden.

e) Rückstandgehalt des Brennstoffs.
Pro 1 g Kohle sind enthalten:

$$\frac{0,0089}{0,2045} = 0,0435 \text{ g} = \mathbf{4{,}35}\ ^0/_0.$$

f) Sauerstoff und Stickstoff des Brennstoffs,
verbleiben als Restdifferenz mit **10,61** $^0/_0$.

Zusammengefaßt hat man demnach:

$$
\begin{array}{lr}
C & 76,56\ ^0/_0 \\
H & 4,84\ \text{„} \\
S & 1,04\ \text{„} \\
H_2O & 2,60\ \text{„} \\
\text{Rückstände} & 4,35\ \text{„} \\
O + N & 10,61\ \text{„}
\end{array}
$$

Für das hier benutzte Beispiel stellt sich schließlich der Heizwert wie folgt dar:

$$
\begin{array}{lr}
\text{Verbrennungswärme} & 7588 \text{ cal} \\
\text{Abzug für Wasserdampf} & 277 \text{ cal} \\
\text{Desgl. für Schwefel} & 23\ \text{„} \\
\hline
\text{Zusammen:} & 300\ \text{„} \\
\hline
\text{Heizwert demnach} & 7288 \text{ cal.}
\end{array}
$$

Alle Ermittlungen an Brennstoffen im Laboratorium werden mit der lufttrockenen Substanz durchgeführt; dieser Zustand kann sich von den im Betriebe, bei der Anlieferung usw. vorhandenen ganz bedeutend unterscheiden und muß man aus diesen Gründen die Laboratoriumszahlen rechnerisch umformen..

Im vorliegenden Beispiel wurde durch mehrtägiges offenes Lagern von $\sim$ 2 kg Brennstoff bis zur Gewichtskonstanz ein Gewichtsverlust von 3,12 $^0/_0$ festgestellt, mithin sind 3,12 $^0/_0$ grobe Feuchtigkeit vorhanden; das hygroskopische Wasser der lufttrockenen Kohle war, wie vorher vermerkt, zu 2,60 $^0/_0$ ermittelt. Mithin beträgt das hygroskopische Wasser auf die ursprüngliche Kohle bezogen

$$\frac{x}{96,88} = \frac{2,60}{100} \text{ oder } x = \frac{96,88}{100} \cdot 2,60 = 2,52\ ^0/_0.$$

Der Wassergehalt der ursprünglichen Kohle setzt sich also zusammen aus:

$$\begin{aligned}
\text{Grobe Feuchtigkeit} &= 3,12\ ^0/_0 \\
\text{Hygroskopisches Wasser} &= 2,52\ \text{\textquotedblright} \\
\hline
\text{Gesamtwassergehalt} &= 5,64\ ^0/_0
\end{aligned}$$

Die Umrechnung der Zusammensetzung lufttrockener Kohle in den ursprünglichen — grubenfeuchten — Zustand müssen hier mit dem Quotienten $\frac{100 - 5,64}{100 - 2,60} = \frac{94,36}{97,40} = 0,9688$ erfolgen und ergäbe:

$$\begin{aligned}
C &\ldots\ldots\ldots & 0,9688 \cdot 76,56 &= \mathbf{74,17}\ ^0/_0 \\
H &\ldots\ldots\ldots & 0,9688 \cdot\ 4,84 &= \mathbf{4,69}\ \text{\textquotedblright} \\
S &\ldots\ldots\ldots & 0,9688 \cdot\ 1,04 &= \mathbf{1,01}\ \text{\textquotedblright} \\
H_2O &\ldots\ldots & 5,64\ \ \ \ \ \ \ &= \mathbf{5,64}\ \text{\textquotedblright} \\
\text{Rückstände} &\ldots\ldots & 0,9688 \cdot\ 4,35 &= \mathbf{4,21}\ \text{\textquotedblright} \\
O + N &\ldots\ldots & 0,9688 \cdot 10,61 &= \mathbf{10,28}\ \text{\textquotedblright}
\end{aligned}$$

Die Verbrennungswärme nach Abzug von Salpetersäure und Zündkorrektur beträgt z. B. in unserem Beispiel 7588 cal, bezogen auf den lufttrockenen Zustand; dann hat man für den ursprünglichen Zustand des Beispiels von oben $0,9688 \cdot 7588 = 7351$ cal.

Entsprechend hätte man nun den Abzug für H_2O zu

$$\frac{9 \cdot 4,69 + 5,64}{100} \cdot 600 = 287,1 \text{ cal und für } S \text{ zu}$$

$$1,01 \cdot 22,4 \qquad = 22,6\ \text{\textquotedblright}$$

Zusammen: 310 cal, d. h. der Heizwert im ursprünglichen Zustand beträgt $(7351 - 310) = \mathbf{7041}$ cal.

Eine weitere Kontrolle des Brennstoffs ist in der Ermittlung der Koksausbeute resp. der Gasgiebigkeit gegeben, einmal um ein Urteil über die Gattung des Brennstoffs zu gewinnen, also ob Gaskohle, Flammkohle, Fett- oder Magerkohle, ferner um die Verwendbarkeit für irgend einen Zweck, z. B. für Vergasung in Generatoren, zu konstatieren.

Zur Klassifizierung der Hauptgruppen dienen folgende Angaben:

Gaskohlengruppe, flüchtige Bestandteile größer als $35\,^0/_0$;
Fettkohlengruppe, „ „ 15 bis 35 „ ;
Magerkohlengruppe, „ „ geringer als 15 „ .

Zur Feststellung der Charakteristik empfiehlt sich die Anwendung der Blähprobe nach den Normen des berggewerkschaftlichen Laboratoriums in Bochum, welches konstante Werte ergibt und die außerdem mit den Betriebszahlen gute Übereinstimmung zeigen.

Ein Platintiegel von 22 mm Bodendurchmesser und 35 mm Höhe, mit einem fest übergreifenden Deckel versehen, ist zur Ausführung dieser Probe nötig; in der Mitte des Deckels ist ein Loch von 2 mm Öffnung.

Als Inhalt wird 1 g des zu untersuchenden Brennstoffs eingewogen und der Tiegel in ein dünnes Platindreieck gestellt, hierauf in der 18 cm totale Höhe habenden Gasflamme eines Bunsenbrenners erhitzt und zwar in einer Anordnung, daß der Tiegel 6 cm vom Gasbrennerrand entfernt ist.

Zeigt sich an der Öffnung kein Flämmchen mehr, so wird die Erhitzung eingestellt und der erhaltene Koks charakterisiert und gewogen. Eine andere ebenfalls viel verwandte Methode, die von dem American-Committee on Coal Analyses angegeben wurde, lautet: „Man gibt 1 g der frischen, ungetrockneten, gepulverten Kohle in einen 20—30 g schweren, mit dichtschließendem Deckel versehenen Platintiegel und erhitzt über der vollen Flamme eines Bunsenbrenners sieben Minuten lang. Der Tiegel soll auf einem Platindreieck ruhen, und der Tiegelboden soll sich 6—8 cm über der Brenneröffnung befinden. Die Flamme soll frei brennend reichlich 20 cm hoch sein, und die Bestimmung soll an einem zugfreien Ort ausgeführt werden. Von der Oberseite des Tiegeldeckels soll ein etwa vorhandener Beschlag abbrennen, aber die Innenseite soll mit Kohlenstoff bedeckt bleiben.

Beispielsweise wird man einen als Magerkohle festgestellten Brennstoff in einem Schwelgenerator nicht anwenden, während dieser für einen Druck-Mischgasgenerator gerade geeignet wäre. Bemerkt sei noch, daß die Koksausbeute meist in Prozenten der Rohkohle, die Gasgiebigkeit jedoch auf Prozente der brennbaren Substanz — also asche- und wasserfreier Brennstoff — angegeben wird.

Man erhält auf diese Weise Charakteristika von Brennstoffen, welche von hohem Wert sind und für die Verwendungsmöglichkeiten im voraus eine Beurteilung zulassen.

Einige Beispiele solcher Untersuchungsreihen zur Illustrierung des hier Gesagten beschließe diesen Abschnitt.

Herkunft: Oberschlesische Würfelkohlen.

Name der Grube	Koks %	Gas %	Wasser %	Heiz- wert cal	C %	H %	S %	H_2O %	Rück- stand %	$O+N$ %

Gruppe blähender Backkohlen, Koks silbergrau, fest, gebacken, stark bis mittel gebläht.

Name der Grube	Koks %	Gas %	Wasser %	Heiz- wert cal	C %	H %	S %	H_2O %	Rück- stand %	$O+N$ %
Concordia Fett	64,6	33,7	1,7	7480	77,98	4,99	0,75	1,71	4,18	10,39
Anna	63,5	34,2	2,3	7420	77,16	5,12	0,58	2,30	4,71	10,13
Brandenburg Fett	64,9	33,2	1,9	7540	79,65	5,10	0,67	1,87	2,31	10,40
Emma	64,4	34,4	1,2	7388	77,21	5,00	1,26	1,15	3,92	11,46

Gruppe von Backkohlen, Koks grau, fest, gebacken, kaum gebläht.

Name der Grube	Koks %	Gas %	Wasser %	Heiz- wert cal	C %	H %	S %	H_2O %	Rück- stand %	$O+N$ %
Ludwigsglück	63,9	33,9	2,2	7565	80,32	5,12	0,58	2,23	1,18	10,57
Deutschland Flamm	65,2	32,8	2,0	7349	76,91	4,93	1,04	2,04	4,90	10,18
Schlesien	62,4	34,8	2,8	7478	78,65	4,92	1,40	2,83	1,90	10,30
Paulus	63,9	34,3	1,8	7467	79,06	4,90	0,43	1,76	2,84	11,01

Gruppe von Sinterkohlen, Koks schwarzgrau, fest, schwach gebacken, teils sandig.

Name der Grube	Koks %	Gas %	Wasser %	Heiz- wert cal	C %	H %	S %	H_2O %	Rück- stand %	$O+N$ %
Eminenz	62,5	34,6	2,9	7063	74,99	4,86	1,05	2,87	3,43	12,80
Beatensglück	63,2	32,2	4,6	6916	74,10	4,30	0,95	4,62	3,88	12,15
Hoym-Laura	65,1	32,3	2,6	6901	73,80	4,64	1,04	2,58	5,44	12,50

Gruppe von Sandkohlen, Koks schwarzgrau, locker, sandig.

Name der Grube	Koks %	Gas %	Wasser %	Heiz- wert cal	C %	H %	S %	H_2O %	Rück- stand %	$O+N$ %
Georg	62,5	32,9	4,6	6782	72,88	4,56	0,93	4,59	3,44	13,60
Max	62,2	32,3	5,5	6654	71,43	4,51	0,86	5,51	3,46	13,23

Will man nun diese mit anderen Werten vergleichen, so empfiehlt sich hinsichtlich des Begriffes Koksausbeute folgende Definition anzuwenden und Untersuchungsergebnisse darauf zu beziehen:

Ist A der Aschengehalt, W das Wasser und K der Verkokungsrückstand einer Brennstoffprobe, so ist die Koksausbeute K^1 der wasser- und aschenfreien Substanz:

$$K^1 = \frac{100 \cdot K - A}{100 - (A + W)}. \tag{33}$$

Ferner sind demnach die flüchtigen Bestandteile G der aschen- und wasserfreien Kohle:

$$G = 100 - K^1 = 100 - 100 \cdot \frac{K - A}{100 - (A + W)} \tag{34}$$

Hierdurch schafft man sich Vergleichswerte, welche die charakteristischen Momente dieser Art von Kohlenuntersuchung einwandfrei enthalten.

Einen weiteren Einblick in die Konstitution der Brennstoffe erhält man durch ein rechnerisches Verfahren. Für den Reinkoks nimmt man einen Heizwert von 8100 cal an und multipliziert mit der Reinkoksausbeute in Prozent. Zieht man dann diesen Wert vom kalorimetrisch ermittelten Heizwert der Kohle selbst ab, so gibt die erhaltene Differenz den Heizwert der flüchtigen Bestandteile — also des Gases und des Teeres — annäherungsweise wieder und erst dieser Einblick läßt das völlig verschiedene Verhalten der in der Tabelle angeführten Kohlensorten erkennen.

Dann ergibt sich folgendes:

(Siehe die Tabelle auf S. 169.)

Man ersieht deutlich, daß der Heizwerts-Anteil der flüchtigen Bestandteile bei den Sandkohlen wesentlich kleiner ist als z. B. bei den blähenden Backkohlen, womit auch der außerordentliche Unterschied des Verhaltens dieser Kohlen im Feuer seine volle Erklärung findet. Im übrigen sei hier auch auf S. 18 und 19 verwiesen.

Schließlich sei noch anmerkend auf die flüssigen und gasförmigen Brennstoffe verwiesen.

Flüssige Brennstoffe werden genau so wie feste Brennstoffe im Kalorimeter verbrannt und finden alle Methoden auch hierauf ohne Einschränkung Anwendung.

Kohlensorte (oberschlesische Würfel)	Ursprünglicher Heizwert cal	Reinkoks %/o	Vom Kohlenheizwert entfallen auf		Vom Kohlenheizwert entfallen auf	
			Reinkoks cal	flüchtige Bestandteile cal	Reinkoks- %/o	flüchtige Bestandteile %/o
Concordia Fett · ·	7480	60,4	4890	2590	65,4	34,6
Anna · · · · · ·	7420	58,7	4760	2660	64,1	35,9
Brandenburg Fett ·	7540	62,8	5065	2475	67,2	32,8
Emma · · · · · ·	7388	60,5	4900	2488	66,4	33,6
Ludwigsglück · ·	7565	62,7	5080	2485	67,1	32,9
Deutschland Flaum	7349	60,3	4885	2464	66,5	33,5
Schlesien · · · ·	7478	60,5	4895	2583	65,5	34,5
Paulus · · · · · ·	7467	61,1	4940	2527	66,2	33,8
Eminenz · · · · ·	7063	59,0	4780	2283	67,7	32,3
Beatensglück · · ·	6916	59,3	4805	2111	69,5	30,5
Hoym Laura · · ·	6901	59,6	4830	2071	70,0	30,0
Georg · · · · · ·	6782	59,1	4790	1992	70,6	29,4
Max · · · · · · ·	6654	57,7	4675	1979	70,3	29,7

Wesentlich anders liegen die Bedingungen bei gasförmigen Körpern, Generatorgas, Koksofengas usw. usw.

Es ist zurzeit kein Kalorimeter für gasförmige Körper bekannt, welches in der gleichen Weise wie die Bombe exakte Werte zu messen erlaubt und hierbei zugleich nur eine verhältnismäßig einfache Apparatur erforderlich macht.

So gibt das bekannte Kalorimeter von Junkers bei Verbrennung von Generatorgasen allemal einen kleineren Heizwert, als sich aus der Zusammensetzung des Gases errechnen läßt.

Es empfiehlt sich deshalb, bei Industriegasen vielleicht mit Ausnahme des hochheizwertigen Leuchtgases, den Heizwert aus der möglichst exakt ermittelten Gaszusammensetzung zu errechnen. Verwiesen sei an dieser Stelle schließlich noch auf das Prof. Strache-Gaskalorimeter, welches in einer neuen Form auf den Markt gebracht wird — Journ. f. Gasbel. 1910, Nr. 10 und 1912, Nr. 34 —.

Geliefert wird das Instrument von der Prof. Dr. Strache-Wassergas- und Patentverwertungsgesellschaft, Wien. Gemessen wird im Kalorimeter das Wärmequantum, welches durch Verpuffung von 30 oder 60 ccm Gas entsteht. Zur Verpuffung dient eine Explosionspipette, welche von einem Luftmantel umschlossen ist und dessen Luftinhalt eine dem freiwerdenden Wärmequantum analoge Ausdehnung erfährt, die manometrisch bestimmt wird. Die Manometerteilung ist so eingerichtet, daß direkt der Heizwert abgelesen werden kann.

Besonders wichtig ist hier, daß das Strachesche Gaskalorimeter im Gegensatz zum Junkersschen Kalorimeter transportabel und für alle Industriegase benutzbar ist, und daß außerdem Heizwertsbestimmungen in schneller Aufeinanderfolge möglich sind.

Mit der laufenden Erkenntnis der Brennstoffqualität ist jedoch für die Art der Betriebsführung nichts gewonnen, weshalb eine zweite und gleiche Wichtigkeit besitzende Kontrolle in bezug auf die Vorgänge der Vergasung bei Generatoren, der Belastung der Heizfläche und den Nutzeffekt bei Dampferzeugungsanlagen kontinuierlich durchgeführt werden muß, und welche sich demnach eigentlich auf die Heizertätigkeit erstreckt.

19. Die laufende Kontrolle des Gasgeneratorbetriebes.

Die laufende Kontrolle des Gasgeneratorganges ist von der gleichen Wichtigkeit, wie z. B. die dauernde Ermittlung der Zusammensetzung von Verbrennungsgasen in Feuerungsanlagen. Leider fehlen hier aber automatische Mittel, welche kontinuierlich über die Zusammensetzung des Generatorgases Aufschluß geben und man muß zur vollen Analysierung des Gases schreiten, um Aufschluß über den Wirkungsgrad seiner Anlage zu erhalten. Mit der bloßen Registrierung von Kohlendioxyd, CO_2, welche so wertvolle Aufschlüsse bei der direkten Verbrennung abgibt, ist bei der Kontrolle eines Generators allein gar nichts anzufangen.

Wesentlich besser wäre die laufende Ermittlung des Wasserstoffgehaltes; hiermit ist man in der Lage, verschiedene Eingriffe in den Generatorbetrieb regeln zu können; z. B. die Dampfmenge, welche verblasen wird, die Aufhebung vorhandener Undichtheiten, Kontrolle der Abschlackperiode, bei der das Gas unter Umständen außerordentlich in seiner Zusammensetzung schwanken kann.

Namentlich die Regelung des Dampfeinblasens und die damit vorhandene Luftverteilung muß einer gehörigen Kontrolle unterworfen werden. Vergast ein Generator annähernd nach dem Schema

$$3C + O_2 + 2H_2O = CO_2 + 2CO + 2H_2,$$

so muß das Gas, wie schon früher erwähnt, etwa folgende Zusammensetzung aufweisen:

$$CO_2 \ldots \ldots \ldots \sim 11{,}4\,^0/_0$$
$$CO \ldots \ldots \ldots \sim 22{,}8\,„$$
$$H \ldots \ldots \ldots \sim 22{,}9\,„$$
$$N \ldots \ldots \ldots \sim 42{,}9\,„$$

Tritt hierbei durch falsche Luftdampfzuführung ein teilweises, direktes Verbrennen des Kohlenstoffs zu CO_2 auf, beispielsweise 5—10—15 $^0/_0$ von der zur Vergasung gelangenden Menge, so erhält man die Zusammensetzung der Gase usw. zu:

Vergasungsmenge des Kohlenstoffs	100	95	90	85 $^0/_0$
Gaszusammensetzung: CO_2 . . .	11,4	11,7	11,9	12,2 „
CO . . .	22,8	22,1	21,5	20,8 „
H	22,9	22,3	21,6	20,9 „
N	42,9	43,9	45,0	46,1 „
Heizwert pro 1 cbm	1290	1254	1216	1176 cal
Wirkungsgrad des Generators ohne Einzählung der Gaseigenwärme .	87,1	82,8	78,4	74,0 $^0/_0$

Aus diesen Zahlen ergibt sich der große Einfluß der anormalen Nebenreaktion auf den Effekt des Wärmeumsatzes im Generator zur Genüge.

Neben der geringen Änderung in der Zusammensetzung des Gases tritt weiter eine Änderung in der Dichtigkeit desselben auf, welche als bequemer Ausweis über die Art der im Generator vor sich gehenden Prozesse benutzt werden kann. Es kommt hierzu der Apparat Fig. 22, S. 129, mit dem Mikromanometer in Fig. 21, S. 126 besonders dargestellt, zur Verwendung.

Für die Beispiele berechnen sich die Dichtigkeiten der Gase und die Pressungsdifferenzen bei 2 m Gassäule gegenüber dem Luftdruck wie folgt:

Vergasungsmenge des Kohlenstoffs	100	95	90	85 $^0/_0$
1 cbm Gas wiegt	1,068	1,078	1,087	1,097 kg
Gewichtsunterschied gegenüber Luft, ausgedrückt in Millimeter Wassersäule	4,470	4,282	4,086	3,878 mm

Man erhält demnach sehr nennenswerte Manometerausschläge, welche zur Kontrolle von Vergasungsvorgängen benutzt werden können; hierbei ist eine Versuchsgrundlage, welche die Beziehungen zwischen Manometerausschlag und Gaszusammensetzung zum Gegenstand hat, erforderlich, bringt aber auch unbedingt viel Überblick in den laufenden Betrieb mit sich. Z. B. wurden erhalten:

CO_2	10,2	13,2	10,1 $^0/_0$
CO	17,2	16,1	16,7 „
CH_4	1,5	—	— „
H	24,8	26,7	24,3 „
N	46,3	44,0	48,9 „
Gasgewicht pro 1 cbm . .	1,0293	1,0366	1,0426 kg
Heizwert pro 1 cbm . . .	1295	1183	1139 cal

Auch hier sind die Beziehungen untereinander klar ersichtlich. Das wertvollste Gas besitzt, wie in dem vorher angeführten Rechnungsbeispiel, die geringste Dichtigkeit. Der Betriebsführer hat hiermit ein bequemes Mittel an der Hand, um auf Grund experimentell ermittelter Werte eine Gleichheit in den Vergasungsreaktionen zu erlangen, ohne immer mit komplizierten Gasuntersuchungen Zeit aufzubrauchen.

20. Die laufende Kontrolle des Dampfkesselbetriebes.

Mit der Zunahme des Luftüberschusses und der Anteilnahme unverbrannten Materials in den Herdrückständen fällt gemäß den Ausführungen auf S. 53 der Nutzeffekt der Feuerungsanlage. Ferner gibt es eine Belastung der wärmeaufnehmenden Heizfläche, bei welcher das Aufnahmevermögen ein maximales ist, darüber hinaus oder darunter wird die Anteilmenge absorbierbarer Wärme geringer; zur Illustrierung dieses Satzes kann auf die S. 174 gebrachten Untersuchungsergebnisse verwiesen werden.

Um diese ineinanderlaufenden Vorgänge bei der Dampferzeugung, der Wärmeentbindung einerseits und der Wärmeaufnahme durch eine Heizfläche unmittelbar darauf andererseits, zahlenmäßig vor Augen zu führen, sind eine Reihe von Versuchen durchgeführt worden, welche als Einleitung zu diesem Abschnitt mitgeteilt werden sollen; die Untersuchungen wurden an einem mit Planrost versehenen Wasserrohrkessel von L. und C. Steinmüller, Gummersbach, gemacht.

Als in Betracht kommende Konstanten sind anzuführen:

Totale Rostfläche . . . . 6,41　qm
Freie Rostfläche . . . . 1,64　„
Gesamtquerschnitt des Verbrennungsluft-
　eintritts . . . . 1,258　„
Gesamtquerschnitt für den Verbrennungs-
　gaseintritt in die Heizfläche . . . . 0,868　„
Gesamtquerschnitt für den Verbrennungs-
　gasaustritt aus der Heizfläche . . . 1,362　„
Heizfläche des Dampfkessels . . . . 425　„

Art der Versuche: Gleichartige und gleiche Mengen von Brennstoff sind mit wechselndem Luftüberschuß verfeuert worden; Beobachtungen wurden weiter bei verschiedener Beanspruchung der Rost- resp. Heizfläche durchgeführt. Im Beobachtungsprotokoll ist durch die fettgedruckten Zahlen, also die der Versuche 1, 3, 5, 7 und 9, Zusammengehörigkeit in bezug auf den Effekt der Wärmeentbindung aus dem Brennstoff zum Ausdruck gebracht; der Wärmeumsatz war hier ein maximaler, während in den Versuchen 2, 4, 6, 8 und 10 eine minimale Ausnutzung zu verzeichnen ist.

Es wurde beobachtet:

(Siehe die Tabelle auf S. 174—175.)

Der besseren Übersicht wegen sind die Versuchsdaten graphisch in dem Diagramm Fig. 37, 38, 39 dargestellt und zwar in 37 die Versuche Nr. 1, 3, 5, 7, 9, in 38 die Versuche Nr. 2, 4, 6, 8, 10, in 39 die Differenzen der Abwärmeverluste und der Nutzeffekte der Dampfanlage. Es bedeutet ferner in der Schraffur a der Abwärmeverlust, b der Differenzverlust für Strahlung und Leitung, c der Nutzeffekt, d die Differenzen $37c$—$38c$ und e endlich die Differenzen $37a$—$38a$.

Die mögliche Brennstoffersparnis durch mehr oder minder gute Betriebsführung beträgt mithin bei den hier vorliegenden Verhältnissen und Verfeuerungen von stündlich pro 1 qm Rostfläche:

$$\sim \ \ 50 \text{ kg} = 13,7 \ \%$$
$$\sim \ \ 70 \ \ „ \ = \ \ 9,4 \ \ „$$
$$\sim \ \ 90 \ \ „ \ = \ \ 6,8 \ \ „$$
$$\sim 110 \ \ „ \ = \ \ 6,5 \ \ „$$
$$\sim 140 \ \ „ \ = \ \ 0,0 \ \ „$$

Brennstoff: Englische

Versuch Nr.	1	2	3	4
Versuchsdauer · · · · · · · ·	7 Std. 47′	7 Std. 49′	7 Std. 43′	7 Std. 53′
Heizwert des Brennmaterials	7041 cal	7077 cal	6876 cal	6789 cal
Kohlen verfeuert, total · · ·	2602 kg	2599 kg	3375 kg	3440 kg
Kohlen verfeuert pro Stunde auf 1 qm Rostfläche · · ·	52,15 kg	51,86 kg	67,95 kg	68,05 kg
Kilo Kalorien pro Stunde auf 1 qm Rostfläche · · · · ·	367,1	367,0	467,2	461,9
Wasser verdampft, total · ·	24860 kg	21471 kg	28382 kg	26757 kg
Wasser verdampft pro Stunde auf 1 qm Heizfläche · · ·	7,51 „	6,46 „	8,65 „	7,98 „
Wassertemperatur · · · · ·	35,3 ° C.	40,5 ° C.	34,0 ° C.	41,6 ° C.
Dampfdruck, absolut · · · ·	10,3 kg	10,2 kg	10,4 kg	10,3 kg
Verdampfungsziffer · · · · ·	9,17 kg	8,26 kg	8,41 kg	7,78 kg
Verdampfungsziffer, bezogen auf 636,72 cal Erzeugungswärme · · · · · · · · · ·	9,09 „	8,04 „	8,28 „	7,57 „
Verbrennungsgastemperatur am Ende der Heizfläche · ·	240 ° C.	241 ° C.	239 ° C.	258 ° C.
Vol.-Proz. CO_2 in den Verbrennungsgasen · · · · ·	11,14 %	6,56 %	11,68 %	6,83 %
Diff.-Zug in Millimetern H_2O-Säule zwischen Anfang und Ende der Heizfläche · · ·	6,03 mm	10,66 mm	6,76 mm	14,36 mm
Luftüberschuß · · · · · · ·	1,63	2,75	1,55	2,68
Verbrennungsgasmenge, tatsächlich · · · · · · · · · ·	16,43 kg	27,04 kg	14,88 kg	24,52 kg
Nutzeffekt der Dampfkesselanlage · · · · · · · · ·	82,3 %	72,4 %	77,5 %	70,7 %
Abwärmeverlust · · · · · ·	13,3 „	21,5 „	11,8 „	20,7 „
Differenzverlust für Leitung usw. · · · · · · · · · ·	4,4 „	6,1 „	10,7 „	8,6 „
Summa:	100,0 %	100,0 %	100,0 %	100,0 %

Förder-Kleinkohle.

5	6	7	8	9	10
7 Std. 43′	7 Std. 54′	**7 Std. 29′**	7 Std. 41′	**7 Std. 36′**	7 Std. 16′
7342 cal	6971 cal	**7050 cal**	6950 cal	**7002 cal**	7132 cal
4569 kg	4633 kg	**5314 kg**	5556 kg	**7063 kg**	6271 kg
92,38 kg	91,49 kg	**110,73 kg**	112,81 kg	**144,89 kg**	134,60 kg
678,2	637,7	**780,6**	784,3	**1014,5**	959,9
41 437 kg	37 421 kg	**45 284 kg**	43 680 kg	**54 670 kg**	49 604 kg
12,63 „	11,14 „	**14,24** ‥	13,37 „	**16,93** „	16,06 „
36,0 ° C.	35,3 ° C.	**37,3 ° C.**	34,9 ° C.	**35,4 ° C.**	36,2 ° C.
10,5 kg	10,4 kg	**10,8 kg**	10,4 kg	**10,6 kg**	10,5 kg
9,06 kg	8,07 kg	**8,52 kg**	7,86 kg	**7,74 kg**	7,91 kg
8,90 „	7,93 „	**8,35** „	7,73 „	**7,61** „	7,77 „
255 ° C.	271 ° C.	**286 ° C.**	304 ° C.	**310 ° C.**	326 ° C.
13,89 %	8,67 %	**14,23 %**	10,11 %	**14,56 %**	11,94 %
8,38 mm	16,18 mm	**10,76 mm**	18,91 mm	**16,14 mm**	23,09 mm
1,31	2,09	**1,27**	1,79	**1,25**	1,52
13,16 kg	20,05 kg	**13,00 kg**	17,43 kg	**12,81 kg**	15,51 kg
77,4 %	72,4 %	**75,5 %**	70,9 %	**69,2 %**	69,4 %
11,5 „	18,4 „	**12,4** „	18,3 „	**15,3** „	15,6 „
11,1 „	9,2 „	**11,1** „	10,8 „	**15,5** „	15,0 „
100,0 %	100,0 %	**100,0 %**	100,0 %	**100,0 %**	100,0 %

Man erkennt, daß mit der Zunahme der Beanspruchung der Zugansaugungsanlage die Größe des Luftüberschusses fällt und

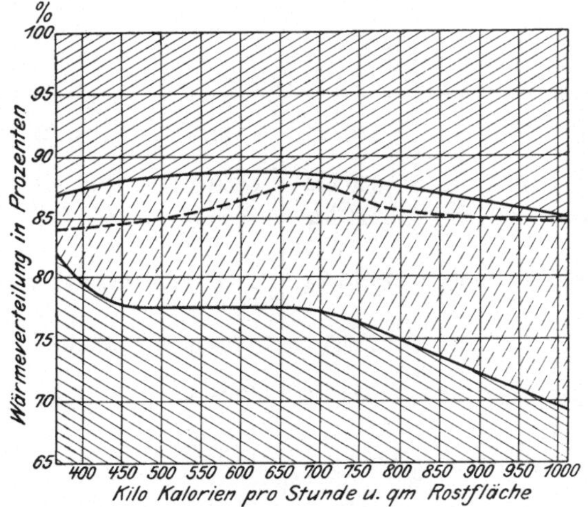

Fig. 37.

schließlich bei einer maximalen Inanspruchnahme ein variables Verfeuern in bezug auf Luftüberschuß unmöglich ist, d. h. die Zug-

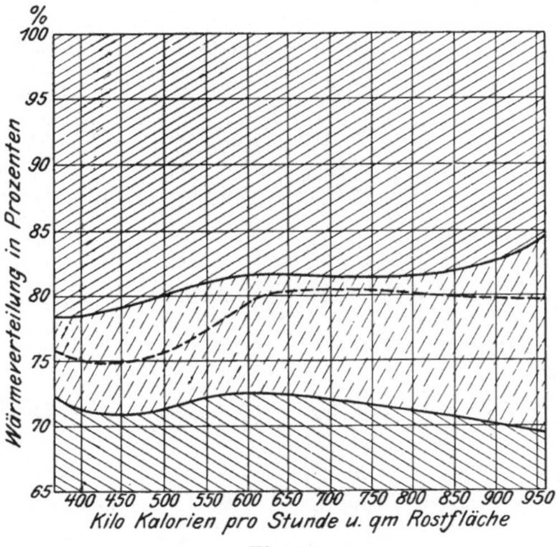

Fig. 38.

ansaugungsanlage ist erschöpft. Das Minimum an Luftüberschuß, mit welchem dieser oder jener Brennstoff verfeuert werden kann, hängt neben den zuerst angeführten Gründen auch von örtlichen, in der Feuerungsanlage selbst gegebenen Verhältnissen ab. Hat man beispielsweise eine Anordnung, bei welcher der Zugang zu der Rostfläche durch 4 Feuertüren ermöglicht wird und die Verbrennungsgase in einem mit gemeinschaftlichem Schieber versehenen Abzugskanal die Heizfläche verlassen, so muß beim Öffnen einer Feuertür ein überschüssiges Quantum Luft mehr durch die Heizfläche als bei geschlossener Tür gelangen, weil der zuströmenden Luft ein sehr viel größerer Reibungswiderstand durch die Brennstoff-

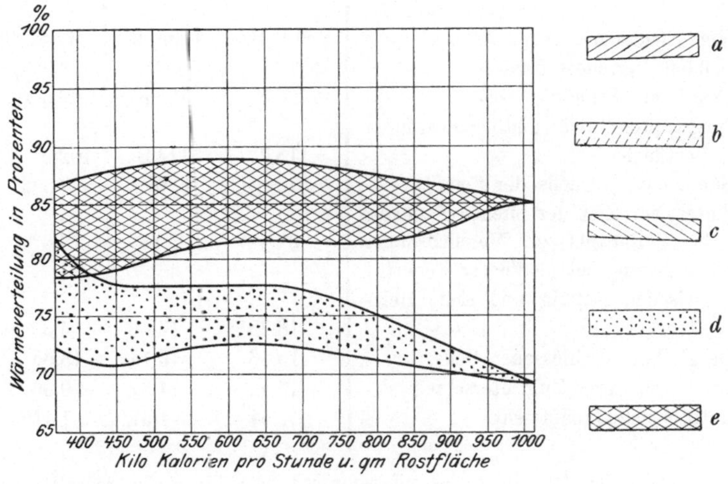

Fig. 39.

schicht als durch die Feuertüröffnung geboten wird. In diesem Fall würde man bei Verwendung mechanischer Rostbeschickung mit einem geringeren Luftüberschuß auskommen als bei der soeben erörterten Anordnung. Ferner wird der Luftüberschuß hierbei um so mehr anwachsen, als die Eigenart dieses oder jenes Brennstoffs mehr oder minder große Bearbeitung mit dem Schürhaken usw. erfordert, wozu selbstverständlich ein öfteres Öffnen der Feuertür erforderlich ist, d. h. mehr Verbrennungsluft pro Zeiteinheit durch die Heizfläche abzieht. Wie groß diese Anteile überschüssiger Luft sind, zeigen einige Beobachtungen mit annähernd gleichem Brennstoff an der hier erwähnten Feuerungsanlage. In allen Fällen wurde der Luftüberschuß möglichst gering gehalten: in Versuch 1 blieb der Essenschieber konstant geöffnet, in Versuch 2 wurde konstante Zuggeschwindigkeit sowohl während des Beschickens als auch des Abbrennens eingehalten, in Versuch 3 endlich wurde bei jedesmaligem Öffnen der Feuertür die Zugluft bis auf ein denkbar geringstes Quantum gedrosselt. Es wurde erhalten:

	Versuch Nr.		
	1	2	3
Versuchsdauer · · · · · · · · · ·	8 Std. 10′	8 Std. 9′	8 Std. 9′
Kohlen, verfeuert total · · · · · ·	6218	6002	5378 kg
Desgl. pro Stunde · · · · · · · ·	760,8	735,8	659,5 kg
Desgl. pro Stunde und Quadratmeter Rostfläche · · · · · · · · · · ·	118,7	114,8	102,9 „
Summa des Öffnens der Feuertür · ·	318	336	306 mal
Anteil der Zeit der offenen Feuertür im Verhältnis zur Versuchsdauer	32,4	30,8	29,6 %
Differenzzug bei geöffneter Feuertür zwischen Anfang und Ende Heizfläche · · · · · · · · · · · · ·	18,75	14,68	4,60 mm
Desgl. bei geschlossener Feuertür ·	15,46	15,14	13,55 „
Desgl. mittlerer Zugunterschied · ·	**16,52**	**14,82**	**10,90** „
Luftüberschußkoeffizient · · · · ·	**1,54**	**1,52**	**1,44** fach

In Fig. 40 sind diese Ergebnisse graphisch dargestellt. Es sind sowohl der CO_2- als auch O-Gehalt in den Verbrennungsgasen ‚abgebildet, die Zugdifferenzen sind der besseren Übersicht wegen in doppelter Länge, als ganze Versuchsdauer, aufgetragen. Das Auf- und Abwandern der Kurven bei der Zugdifferenz entspricht immer einem Öffnen resp. Schließen der Feuertüren.

Man erreicht bei der Drosselung während des Öffnens der Feuertür wohl einen Erfolg, jedoch so minderwertiger Natur, daß derselbe in gar keinem annehmbaren Verhältnis zu der aufgewandten Arbeitsleistung beim Drosseln der Zuluft steht, weshalb diese Luftüberschußverhinderung füglich unterbleibt. Außerdem geht hier die Leistungsfähigkeit der Rostanlage in Versuch Nr. 2 um 3,3 und in Versuch Nr. 3 um 13,3 % gegen die in Versuch Nr. 1 herunter, ein Umstand, der nicht eintritt, wenn für jede Feuertür nebst dazu ge-

Versuch № 1
% CO₂ in den Verbrennungsgasen
% O₂ in den Verbrennungsgasen
Zugdifferenz in Millimeter Wassersäule
Versuch № 2
C O₂
O₂
Versuch № 3
C O₂
O₂

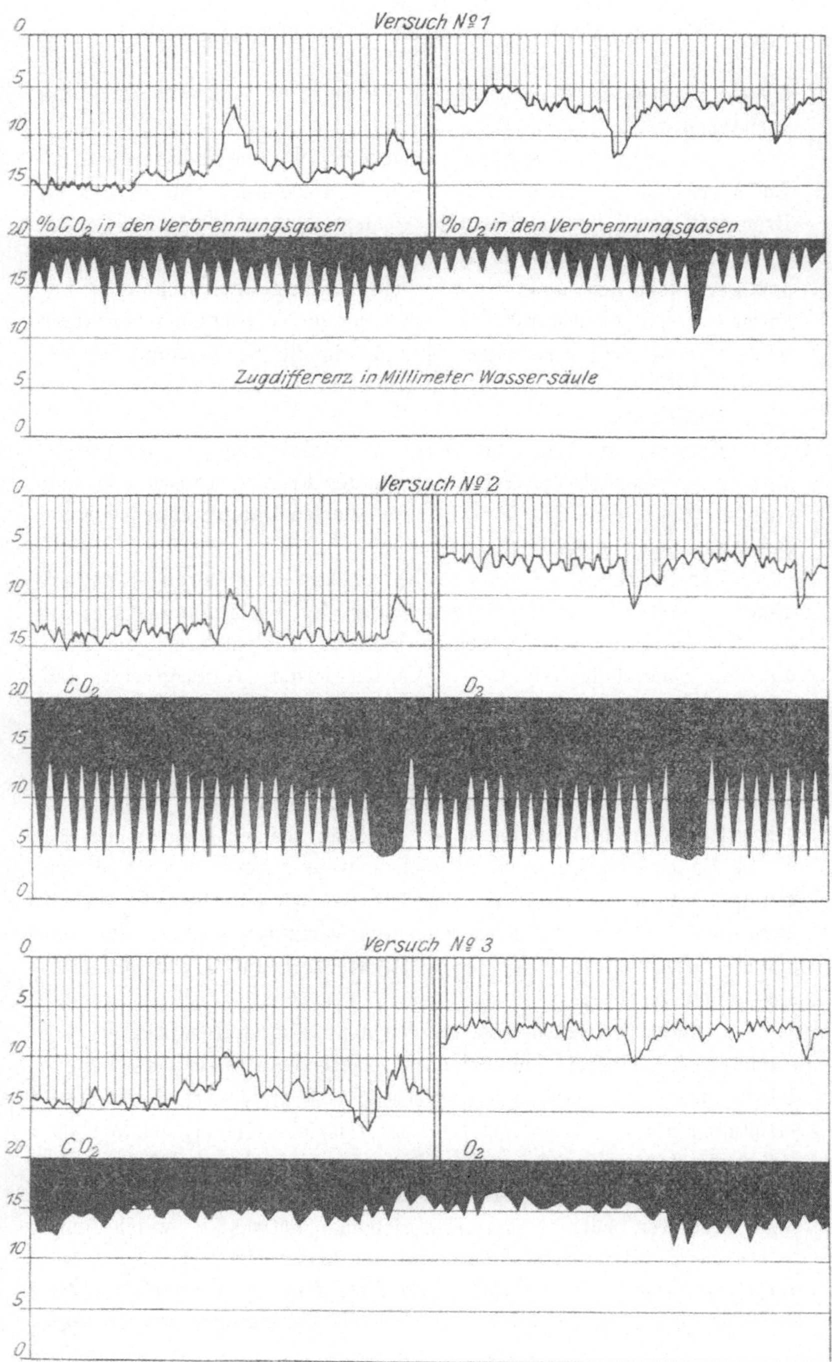

Fig. 40.

höriger Rostfläche ein Gasweg mit besonderer Absperrvorrichtung vorhanden wäre.

Man würde in diesem Fall also im Mittel einen anderthalbfachen Luftüberschuß bei einer stündlichen Rostbelastung von $\sim$ 120 kg Brennstoff pro 1 qm als Norm bezeichnen können.

Zu einer wirksamen Kontrolle — und das läßt sich mit eindeutiger Sicherheit aus den hier mitgeteilten Untersuchungen ableiten — gehört nicht nur die Untersuchung der Verbrennungsvorgänge, sondern man muß auch einen Einblick in die Verwendung der erzeugten Wärme, also in die Funktionen der Dampfkesselheizfläche selbst, erlangen.

Demnach muß man die Art der Verfeuerung des Brennstoffs, also den Nutzeffekt der Feuerungsanlage, kennen, ebenso wie man auch die Erkenntnis der jeweilig produzierten Dampfmenge oder der Belastung der Heizfläche haben muß.

Zur direkten Ermittlung des Nutzeffektes des Feuerungsprozesses dient in erster Linie die Untersuchung der Verbrennungsgase mit den früher erwähnten Apparaten auf den Kohlensäure- oder auch auf den Sauerstoffgehalt hin. Würden ferner, vorausgesetzt, daß mehrere Dampferzeuger in Betrieb sind, an demselben Kessel kontinuierlich Aufzeichnungen seiner produzierten Dampfmenge gemacht, so hätte man eine einwandsfreie, eindeutige Kontrolle, welche wertvolle Daten gibt, immerhin aber zur Durchführung eines vollkommen geschulten Aufsichtsbeamten bedarf, welcher aus den Diagrammen die notwendigen Konsequenzen zu ziehen weiß. Deshalb wird dieser richtige, jedoch umständliche Weg fast nur bei einzelnen Versuchen angewandt und zur laufenden Kontrolle Verfahren benutzt, die eine genügende Annäherung an das gesteckte Ziel auf Grund einfacher Messungen gestatten.

Benutzt werden neben der schon erwähnten Bestimmung der Dampfgeschwindigkeit Angaben des Zugunterschiedes resp. des Unterdrucks der Verbrennungsgase, weshalb auf diese Art der Untersuchungen näher eingegangen und an Beispielen die Verwendbarkeit als Kontrolle erwiesen werden soll.

Zum Ansaugen der Luft, welche das Brennmaterial auf dem Rost oxydieren soll, ist eine Energiemenge notwendig, welche entweder durch die Gewichtsdifferenzen der heißen, im Schornstein befindlichen Verbrennungsgassäule gegenüber einer gleich großen Luftsäule von der augenblicklich herrschenden Außentemperatur erzeugt

— der sog. natürliche Zug — oder auch durch Verwendung saugender resp. drückender Ventilatoren — den sog. künstlichen oder mechanischen Zug — gebildet wird. Die gesamt aufzuwendende Arbeit zur Zugerzeugung zerfällt in zwei wesentlich verschiedene Momente:

1. in die Arbeit zur Erzeugung des eigentlichen, reibungsfreien Zuges selbst und

2. in die Arbeit zur Überwindung der Widerstände auf dem Rost und innerhalb der Heizfläche des Dampfkessels.

Zur Erzeugung des reibungsfreien Zuges v in Metern pro Sekunde ist ein Druckunterschied p_0 erforderlich, welcher sich theoretisch nach der Formel

$$p_0 = \frac{v^2}{2g} \cdot s,$$

in welcher g die Beschleunigung durch die Schwere und s das Gewicht eines Kubikmeters des bewegten Gases in Kilogramm bedeutet, berechnen läßt.

Der durch die Widerstände notwendige Druckunterschied r läßt sich für die hier in Frage kommenden Verhältnisse durch einen numerischen Koeffizienten nicht ausdrücken, weil die Widerstandsmomente auf der Rostfläche, innerhalb der Feuerzüge usw. variabler Natur sind.

Die Gesamtarbeit zur Zugerzeugung p_1 endlich läßt sich nach der Formel

$$p_1 = \frac{v^2}{2g} \cdot s + r$$

darstellen.

In welchem Verhältnis die Werte p_0, r und p_1 zueinander stehen, zeigt der nachstehend mitgeteilte Versuch an dem schon erwähnten Wasserrohrkessel von 425 qm Heizfläche und 6,41 qm totale, 1,64 qm effektive Rostfläche.

Stündlich verfeuerte Kohlenmenge = 723 kg
Stündlich pro 1 qm Rostfläche ver-
feuerte Kohlenmenge . . . . = 112 „
Sekundlich verfeuerte Kohlenmenge = 0,200 „
Luftbedarf pro 1 kg Kohle bei 1,79 fachem Luftüberschuß = 14,06 cbm = 14,51 cbm Verbrennungsgas.

Gaszusammensetzung:

$$CO_2 \qquad O \qquad H_2O \qquad N$$
$$10{,}11\,{}^0/_0 \quad 8{,}06\,{}^0/_0 \quad 3{,}31\,{}^0/_0 \quad 78{,}72\,{}^0/_0.$$

Temperatur der Verbrennungsluft $= 17{,}8\,{}^0$ C.,
$$s = 1{,}217 \text{ kg.}$$

Luftweg durch die Aschklappen bis unter den Rost
$\left\{\begin{array}{l}\end{array}\right.$
Querschnitt der Lufteintrittsöffnung $= 1{,}258$ qm;
sekundlich $= 2{,}813$ cbm Luft; $v = 2{,}335$ m/sek;
$p_0 = 0{,}371$ mm; $r = 0{,}449$ mm;
$p_1 = 0{,}82$ mm Wassersäule.

Luft-Verbrennungsgasweg durch den Rost, die Kohlenschicht bis über die Feuerbrücke zum Heizflächenanfang
Querschnitt der Verbrennungsgaseintrittsöffnung zum Heizflächenanfang $= 0{,}868$ qm;
Temperatur der Verbrennungsgase $1089\,{}^0$ C.,
$$s = 0{,}265 \text{ kg;}$$
sekundlich $= 14\,279$ cbm Gas; $v = 16{,}455$ m/sek;
$p_0 = 3{,}520$ mm; $r = 7{,}180$ mm;
$p_1 = 11{,}52$ mm Wassersäule.

Verbrennungsgasweg von Anfang bis Ende Heizfläche zum Abgaskanal
Querschnitt der Verbrennungsgasaustrittsöffnung in den Abgaskanal $= 1{,}362$ qm;
Temperatur der Verbrennungsgase $304{,}5\,{}^0$ C.,
$$s = 0{,}636 \text{ kg;}$$
sekundlich $= 5{,}951$ cbm Gas; $v = 4{,}376$ m/sek;
$p_0 = 0{,}620$ mm; $r = 16{,}790$ mm;
$p_1 = 28{,}93$ mm Wassersäule.

Der Wert p_1 am Heizflächenende wird mithin
28,93 mm Wassersäule,

welcher sich, wie folgt, zusammensetzt:

Lufteintrittsgeschwindigkeit . . . $= 0{,}371$ mm p_0

Reibungsarbeit hierbei . . . . . $= $ . . . . . 0,449 mm r

Luft-Verbrennungsgasgeschwindigkeit bis Anfang Heizfläche . . . $= 3{,}520$ mm p_0

Reibungsarbeit hierbei . . . . . $=$ . . . . . 7,180 mm r

Verbrennungsgasgeschwindigkeit bis Ende Heizfläche . . . . . . $= 0{,}620$ mm p_0

Reibungsarbeit hierbei . . . . . $= \underline{\qquad}$ . . . . . 16,790 mm r

$$\Sigma = 4{,}511 \text{ mm } p_0; \quad 24{,}419 \text{ mm } r$$

$$p_1 = (p_0 + r) = 28{,}93 \text{ mm Wassersäule.}$$

Mithin beträgt die zur Überwindung der Widerstände notwendige Arbeit 5,91 mal soviel von der zur eigentlichen Ge-

schwindigkeit nötigen Energie.   Diese Beziehungen sind in der
Fig. 41 räumlich dargestellt, der Gesamtgasweg ist abgewickelt
gezeichnet; es bedeutet E den Lufteintritt, R die Rostfläche, Fe die
Feuerbrücke mit dem Heizflächenanfang $H\,Fl$, Fu endlich den am

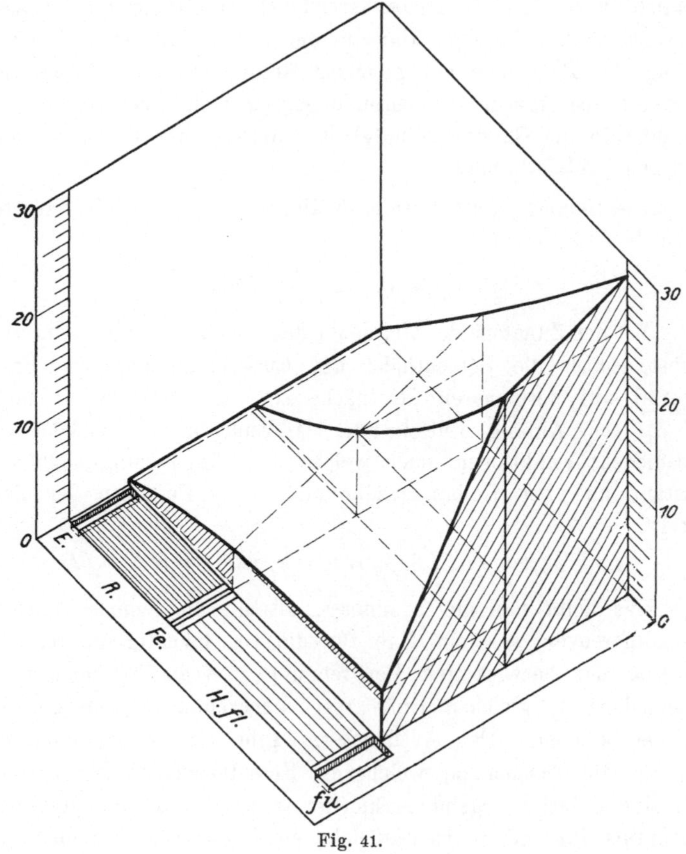

Fig. 41.

Heizflächenende abschließenden Abgaskanal.   Man ersieht, wie äußerst
gering der zur Erzeugung der eigentlichen Zuggeschwindigkeit
notwendige Druckunterschied p_0 wird, während der Reibungswiderstand r beträchtlich viel größer ist.

Die Summation dieser Werte gelangt in der höchsten Kurve
zum Ausdruck, das ist der Wert, der durch ortsübliche Zugmessung
als Zugzahl in Millimetern Wassersäule ausgedrückt wird.

Die Zugzahl wird sowohl über den Rost als auch im Abgaskanal kurz vor dem Essenschieber ermittelt, d. h. sowohl am Anfang als auch am Ende der Heizfläche, indem man durch entsprechende Manometer den Unterdruck an diesen Stellen gegenüber dem augenblicklich herrschenden Atmosphärendruck in Millimetern Wassersäule ermittelt. Es liegt klar auf der Hand, daß bei gleicher Belastung der Rostfläche mit gleichem Brennstoff und gleichem Luftüberschuß das erzeugte Verbrennungsgasquantum konstant ist und daß deshalb die Gasgeschwindigkeit innerhalb der Heizfläche ebenfalls gleich bleiben muß.

Die Summe p_1 ist mithin in diesem Fall innerhalb der Heizfläche $H\,Fl$ konstant:

$$p_1 = (p_0 + r\,H\,Fl) = \text{konst.}$$

Mit der Zunahme der Zeitdauer der gleichen Rostbelastung usw. wächst jedoch die Schichthöhe der Rückstände aus dem Brennmaterial auf der oberen Rostfläche $Rfl.$ an; man erhält mithin für p_1 von Anfang Lufteintritt bis Ende der Heizfläche zwei verschiedene Funktionen, nach welcher die Geschwindigkeitshöhe p_0 konstant und der Reibungswiderstand r als Funktion der Zeit t auftritt:

$$p_1 = p_0 + r\,H\,Fl + p_0\,Rfl = \text{konst.} + r\,Rfl = f\,t.$$

Das heißt nun nichts anderes, als daß die Summe sämtlicher Druckdiffereuzen p_1 kein Maß für die Geschwindigkeit resp. das Quantum der entwickelten Verbrennungsgase abgibt, sondern daß verschiedene p_1 gleichen Luft- resp. Verbrennungsgasmengen entsprechen können. Der Ausdruck p_1 gibt also weder eine Maßgabe für die Gasmengen, welche die Kesselheizfläche durchströmen, noch eine Relation irgendwie hierfür an und ist deshalb mit dieser Erkenntnis für die Betriebsaufsicht einer Feuerung garnichts gewonnen. Ferner gibt diese Zugmessung auch keine in sinngemäßer Folge verlaufenden Angaben, so daß z. B. bei großer Zugzahl eine kleinere Luftmenge durch den Rost tritt und umgekehrt. Stellt man sich die Saugekraft der Esse als konstant vor, so gehen pro Zeiteinheit proportionale Mengen Luft resp. Verbrennungsgas durch die Heiz- und Rostfläche. Der Druckunterschied gegenüber dem Atmosphärendruck wird nunmehr nur noch durch die Widerstände r beeinflußt, da p_0 mit $v = \text{konst.}$ auch konstant bleibt. Ist nun der

Rost ganz frei, so fließt die Luft mit kleinerem Widerstand r als bei bedecktem Rost ab, das heißt, die Summa der Ausschläge p_1 ist klein, trotzdem die Luftgeschwindigkeit ein Maximum erreicht hat. Wird der Rost nun immer mehr und mehr mit Brennstoff resp. Rückständen aus demselben bedeckt, so wächst der Widerstand r bedeutend, während v immer mehr und mehr abnimmt; das heißt die Zugzahl wird größer, trotzdem die Geschwindigkeit des Verbrennungsgases und damit auch das Quantum kleiner wird.

Deshalb steigt beim Schließen der Zugluftklappen, trotzdem in diesem Fall gar keine Luft zum Rost fließt, die Zuganzeige an, während beim Öffnen der Feuertür die Zuganzeige fällt, trotzdem die Luftgeschwindigkeit durch Ausschaltung des Rostwiderstandes erheblich größer geworden ist.

Schaltet man nun die variablen Reibungswiderstand besitzende Rostfläche ab und bestimmt nur noch die Summa p_1 zwischen Anfang und Ende der Heizfläche, so erhält man, da ja $r\,H\,Fl$ mit genügender Genauigkeit als konstant angenommen werden kann und nur v variabel ist, Beziehungen, die sinngemäß verlaufen, d. h. bei größerer Geschwindigkeit größere Zugzahl anzeigen usw.

Zur Ausführung solcher Messungen hat man nur nötig, den einen Schenkel eines Manometers mit dem Raum über dem Rost, gleich Anfang der Heizfläche, zu verbinden, während der andere Schenkel in den Abgaskanal, gleich Ende der Heizfläche, mündet.

Diese Zugunterschieds- oder Differenzmessung zwischen Heizflächenanfang und -ende ergibt z. B. im direkten Gegenteil zur Zugmessung bei zunehmender Verschlackung des Rostes geringere Ausschläge, welche, wenn gar keine Luft mehr durch den Rost tritt, schließlich Null werden, weil $v = O$ und r Anfang und Ende Heizfläche hierbei ebenfalls O wird.

Man kann mit Differenzmessungen die zur Verfügung stehende Zugansaugungsenergie in ihren Werten festlegen, wenn man Versuche mit wechselnder Rostbelastung und wechselndem Luftüberschuß durchführt und hierbei diejenigen Luftmengen ermittelt, die effektiv durch die Feuerung gegangen sind.

Aus den auf S. 174 mitgeteilten Versuchen ergab sich:

Versuch Nr.	1	2	3	4	5	6	7	8
Rostbelastung pro Stunde und 1 qm	52,1	51,8	67,9	68,0	92,3	91,4	110,7	112,8 kg
Luftüberschußkoeffizient · · · · ·	1,63	2,75	1,55	2,68	1,31	2,09	1,27	1,79 fach
Luftquantum pro Sekunde durch den Rost tretend · ·	1,439	2,414	1,664	2,882	2,057	3,131	2,377	3,306 kg

Zieht man den effektiven Querschnitt der Rostfläche (1,638 qm) in Betracht, so erhält man folgende Lufteintrittsgeschwindigkeiten, bezogen auf Kilogramm:

Versuch Nr.	1	2	3	4	5	6	7	8
v in m/sek · ·	0,878	1,473	1,015	1,757	1,255	1,911	1,451	2,019

Die Kurve (Fig. 42) zeigt den Zusammenhang zwischen Gasgeschwindigkeit, bezogen auf Kilogramm, und Differenzzugangabe. Hiermit ist ein Mittel gegeben, um die Belastung einer Rostfläche zurückrechnen zu können.

Erfordert z. B. 1 kg Brennstoff theoretisch $\sim$ 9 kg Luft, ist ferner der Luftüberschuß L_v zu 1,72 fach ermittelt, so gelangen effektiv 15,3 kg Luft zum Oxydieren des Brennstoffes in die Feuerung.

Hierbei betrage die Angabe der Differenzzugmessung 12 mm Wassersäule, d. h. es ist eine Eintrittsgeschwindigkeit von $v = $ 1,58 m/sek vorhanden.

Pro Stunde würde man erhalten:

$$Q \cdot v \cdot 3600 = 1,638 \cdot 1,58 \cdot 3600 = 9316 \text{ kg Luft.}$$

Da nun 1 kg Brennstoff 15,3 kg Luft erfordert, hat man $9316 : 15 = 608,8$ kg stündlich verfeuert, die Rostflächenbelastung pro Stunde und Quadratmeter beträgt mithin $\sim$ 94,9 kg Brennstoff.

In ähnlicher Weise kann die laufende Ermittlung der Heizflächenbeanspruchung durchgeführt werden.

Ein Maß für die laufend vor sich gehende Dampfentwickelung an der Heizfläche bietet in erster Linie die Geschwindigkeit des aus dem Hauptdampfentnahmerohr entströmenden Dampfes. Kennt man die Geschwindigkeit v in Metersekunden und den Querschnitt $\dfrac{\pi \cdot d^2}{4}$ des Dampfentnahmerohrs, so ist das pro Stunde durch dasselbe fließende Dampfquantum gleich

$$3600 \cdot v \cdot \frac{\pi \cdot d^2}{4}.$$

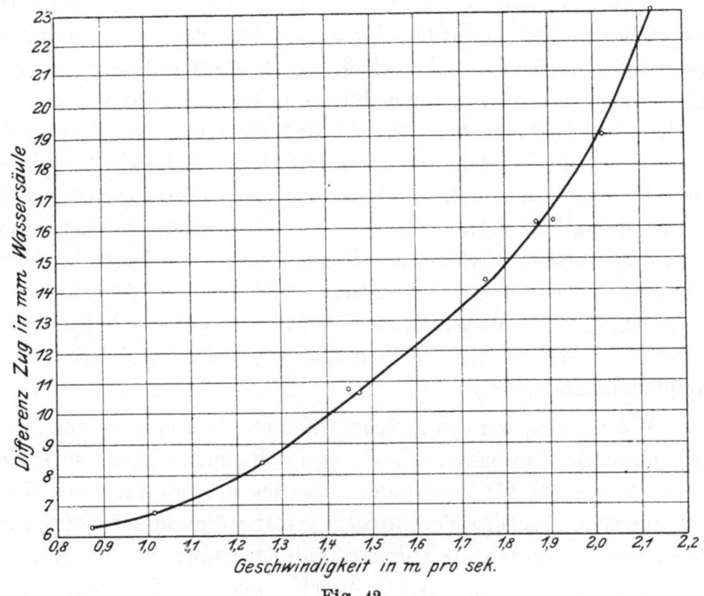

Fig. 42.

Legt man die soeben für die Gasgeschwindigkeit abgeleiteten Beziehungen zugrunde, so erhält man die gesuchte Dampfgeschwindigkeit v einfach aus der Messung der Druckdifferenz innerhalb einer bestimmten Rohrlänge, z. B. derart, daß man den einen Schenkel eines kommunizierenden Manometers mit der Rohrleitung kurz hinter dem Hauptabsperrventil verbindet, während der andere Schenkel in die gleiche Rohrleitung 1, 2 oder 3 m davon mündet. Der Druckausschlag p_1 wird dann wieder gemäß der Gleichung

$$p_1 = \frac{v^2}{2\,g} \cdot s + r$$

erhalten werden.

Die Messung der Dampfgeschwindigkeit kann bei der Einfachheit des hierzu nötigen Apparates und der Sicherheit seiner Angaben zu einer bedeutende Wichtigkeit besitzenden Dampfkesselkontrollmethode verwandt werden.

Es lassen sich nun folgende Kontrollmethoden neben der eingangs erwähnten — automatische Gasanalyse und Dampfbelastungsermittlung — unter Benutzung der hier erörterten Geschwindigkeitsmessungen anführen.

Automatische Gasanalyse und Zugmessung. Registriert man außer dem Kohlendioxyd- oder Sauerstoffgehalt der Verbrennungsgase, allgemein dem Luftüberschuß, mit dem ein Brennstoff verfeuert wird, auch noch die Zugunterschiede an den entsprechenden Stellen des Kessels, so kann man sowohl auf die Güte der Verbrennung als auch auf die Leistung in bezug auf die pro Zeiteinheit verfeuerte Brennstoffmenge einen Rückschluß machen. Diese Doppelkontrolle ist unumgänglich, sobald mehrere Kessel im Betrieb sind, welche wohl das verlangte Quantum Dampf vorgeschriebener Spannung erzeugen, jedoch unter Umständen mit ganz verschiedener Beanspruchung, so daß beispielsweise von 10 in Betrieb befindlichen Kesseln 4 Stück 55 % und 6 Stück 54 % des total produzierten Dampfquantums liefern.

Würde man, um den gleichen Einblick zu erlangen, den Brennstoff neben der Gaszusammensetzungsermittlung wiegen, so erhielte man in bezug auf die geleistete Arbeit des Heizers nur einen Mittelwert, niemals aber den Verlauf der Arbeit während der Betriebszeit. Zudem gibt ja gerade die Zugunterschiedsmessung einen klaren Einblick in die Art der geleisteten Arbeit; aus dem Diagramm ersieht man, wie oft die Feuertür zwecks Beschickung oder Druckkrückung des Rostbelages geöffnet wurde, wie lange die Abbrennzeit dauerte usw., weil ja die Zuggeschwindigkeit beim Öffnen der Feuertür sofort ansteigt. In Fig. 43 ist ein solches Doppeldiagramm dargestellt. Bildet man die mittleren Werte, so erhält man während der in der Figur gekennzeichneten Betriebsdauer und unter Benutzung der in Fig. 42 dargestellten Zugunterschiedskurve:

Mittlerer Zugunterschied . . . . 16,3 mm Wassersäule
Mittlerer Luftüberschuß . . . . 1,63 fach
Mittlere Geschwindigkeit der zuströmenden
    Luft . . . . 1,98 m/sek

Stündlich angesaugtes Luftquantum . . . 11 085 kg
Theoretische Luftmenge pro 1 kg Brennstoff $\sim$ 9,5 „
Tatsächlich verwandte Luftmenge pro 1 kg
Brennstoff . . . . $\sim$ 15,9 „
Verfeuerte Brennstoffmenge pro Stunde . . $\sim$ 697 „
„   „   pro 1 qm Rost-
fläche . . . . $\sim$ 108 „
Qualität und Quantität der Arbeitsleistung gut.

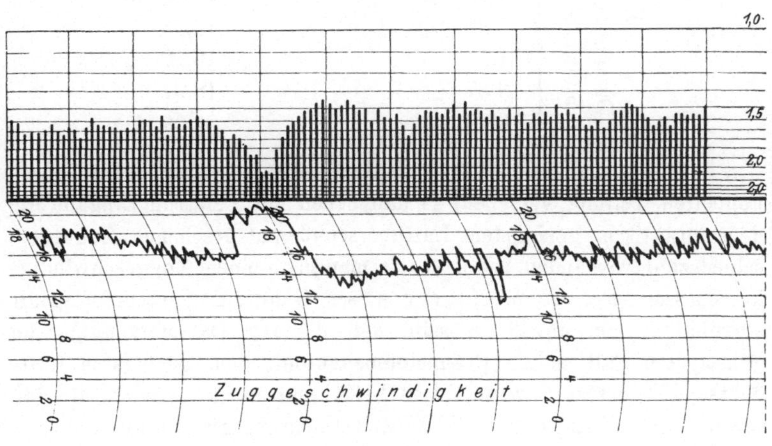

Fig. 43.

Zug- und Dampfgeschwindigkeitsmessung. Mit der laufenden Erkenntnis der produzierten Dampfmenge und in Verbindung mit den zwischen Zugunterschied und Gasquantum bestehenden Beziehungen erhält man eine einfachere Kontrollmethode als die soeben behandelte, weil die dauernde Gasuntersuchung mit all ihren Betriebsschwierigkeiten in Wegfall kommt. Durch beide Beziehungen erhält man ein einfaches Maß, welches das für jede Heizflächenbelastung zum Verfeuern der hierzu nötigen Brennstoffmenge zugehörige Quantum Verbrennungsluft immer so einzustellen gestattet, daß der günstigste Nutzeffekt der Verbrennung in bezug auf den Luftüberschuß resultiert.

In den Versuchen auf S. 174 ergaben sich folgende Verhältnisse:

	Heizflächenbeanspruchung Dampf pro Stunde und Quadrat- meter Heizfläche	Zugunterschied Wassersäule
Effekt des Dampferzeugungsbetriebes — normal	7,51 kg	6,03 mm
	8,65 „	6,76 „
	12,63 „	8,38 „
	14,24 „	10,76 „
	16,93 „	16,14 „
anormal	6,46 kg	10,66 mm
	7,98 „	14,36 „
	11,14 „	16,18 „
	13,37 „	18,91 „
	16,06 „	23,09 „

Würde man nun einen Dampfgeschwindigkeitsmesser mit einer doppelten Teilung versehen, so daß neben der Belastungsangabe die dem praktisch geringsten Luftüberschuß entsprechende Zugunterschiedszahl vorhanden ist, so hätte man nach einem Zuggeschwindigkeitsmesser (Fig. 25 u. 26) nur dieses Quantum Verbrennungsluft einzuhalten, um gewiß zu sein, daß die zur Dampferzeugung im günstigsten Fall nötige Brennstoffmenge mit dem geringsten Luftüberschuß verfeuert wird. Das heißt nun nichts anderes, als daß sowohl der Nutzeffekt der Wärmeerzeugungsanlage als der der Wärmeabsorptionsanlage hiermit laufend im besten Verhältnis zueinander gehalten werden können.

Zeigt also ein Dampfgeschwindigkeitsmesser

$$\sim \begin{cases} 7{,}51 \quad 8{,}65 \quad 12{,}63 \quad 12{,}24 \text{ kg Dampf pro Stunde und Quadratmeter} \\ 6{,}03 \quad 6{,}76 \quad \; 8{,}38 \quad 10{,}76 \text{ mm Zuggeschwindigkeit,} \end{cases}$$

so heißt das nichts anderes, als daß der Essenschieber usw. so eingestellt werden muß, daß am daneben befindlichen Zugunterschiedsmesser die unter der Belastungsziffer stehenden Zuggeschwindigkeitszahlen resultieren. Hat man weiter z. B.

6,4   7,9   11,1   13,3 kg Dampf pro Stunde und Quadratmeter

am Dampfgeschwindigkeitsmesser, am Zugunterschiedsmesser jedoch

10,6   14,3   16,1   18,9 mm Wassersäule,

so kann man sicher sein, daß die Verhältnisse untereinander die denkbar schlechtesten sind, d. h., daß das bei der augenblicklichen

Belastung maximalste Verbrennungsgasquantum, bedingt durch Luftüberschuß, durch die Heizflächen Wärme verschwendend abfließt.

Zug- und Zugunterschiedsmesser. Eine dritte Form der Kontrolle, allerdings die einfachste und deshalb am geringsten umfassende,
wird durch Zugmesser und Zugunterschiedsmesser angestrebt. Die
Beobachtung der Belastung der Heizfläche fällt hier ganz fort, durch
jedes der beiden Instrumente soll dem Heizer ein Fingerzeig über
die Vorgänge auf dem Rost gegeben werden, ohne daß sich derselbe
durch Öffnen der Feuertür von dem Zustand der Verbrennung überzeugt. Für die Durchführung dieser Beobachtungen empfiehlt sich
die Verwendung eines Instruments, welches sowohl den Unterdruck
über dem Rost als auch den Zugunterschied als Druckdifferenz
zwischen Anfang und Ende der Heizfläche angibt, z. B. Instrument
Fig. 25. Es bedarf natürlich einer empirischen Feststellung in ähnlicher Art und Weise wie bei der Durchführung der Versuche auf
S. 174. Das Wesen der Kontrollmethode mit Zug- oder Zugunterschiedsmesser ergibt sich aus dem in diesem Abschnitt über den
gleichen Gegenstand Gesagten von selbst.

Berichtigung.

Auf Seite 79, Zeile 1 und 2 von unten muß es richtig „Figur 28
auf Seite 134" heißen.

Druck von Fr. Stollberg, Merseburg.